IQUEEN 出品

魅力女性修炼手册

IQUEEN 侯辰 —— 著

电子工业出版社
Publishing House of Electronics Industry
北京·BEIJING

推荐序

迄今为止,我给不同的人讲课已有40年了,包括在大学、研究生班、培训及论坛等,课题五花八门。我经常强调,强国崛起的两个支柱就是教育与科技,而科技归根结底是为教育奠基的。

教育分成三环,首先要把家庭教育做扎实了,再谈学校教育和社会教育。几乎所有的犯罪动机都可以追溯至罪犯的原生家庭。即使他是个可怜的孤儿,也可以说明这个道理:他缺少正确的家教。

古今中外历史上的伟人或英雄,他们的母亲经常会被提到,如孟子、岳飞的母亲,为什么他们的父亲很少被提到呢?由此看来,母亲在子女的成长过程中扮演非常关键的角色。

我有一套书,共四册,分别为《德国妈妈这样教自律》《美国妈妈这样教自信》《日本妈妈这样教负责》《犹太妈妈这样教思考》。如果我们要为中国妈妈写一本这样的书,你认为书名应该是什么?坦白地讲,我到现在还没有想出来。

我自己正好有一门课——"完美女人",但没出书。我在课上提到，一个女人要有三个完美："自己完美""夫婿完美""子女完美"。环顾你的四周，你会发现这样的女人非常非常少。

而"自己完美"又体现在三个方面：知识（专业的/多元的）、能力（生活的/工作的）、素养（内在的/外在的）。如今，侯辰女士终于动笔了，她把最重要且最基本的观念都写在了《魅力女性修炼手册》这本宝典中。

先使你自己振作，再去激励别人。摆正你的心态，再谈情商。然后再让别人支持你，这是沟通。有靓丽的穿搭和美妆做陪衬，你想不成功都很难，这些正是本书的精彩之处。

其实我更喜欢她"今日金句"的撰写方式。在这个快节奏的社会，大家都十分忙碌，每个人都希望能及时且轻松地汲取想学的知识。

那么，你现在只有一件事情要做，立刻把本书放到你的案头，然后每日翻阅……

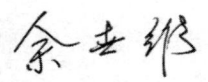

香港富格曼国际集团董事长
上海交通大学国际领导力研究所所长
2019 年 10 月 18 日

自 序

岁月不曾饶过谁，纪念那些让我成长的岁月

我们努力变得更好，不是为了取悦别人，而是为了取悦自己。

如果你对这句话产生了共鸣，那么，说明我们是同道中人。相信这本书一定可以助你解决你的不安、焦虑与困惑。

我有一个根深蒂固的信念：女人要有"五高"，即"高情商""高言商""高智商""高美商""高财商"。

"高情商"——不卑不亢，知足常乐；
"高言商"——出口成章，开口讨喜；
"高智商"——善于经营，自信笃定；
"高美商"——审美到位，穿着得体；
"高财商"——思维敏锐，目光长远。

正是这个信念使我萌生写这本书的想法，以期以"短小精干"的"今日金句"形式，每天与女性朋友们分享一个能够马上掌握的小技巧，让大家变美、变得有智慧。

在我 23 岁时，许多人在为事业打拼，无数人在畅想未来，而我却选择放弃光鲜亮丽的空姐工作，投身到家庭主妇的行列。这一切源于老公的承诺——"我养你啊！"于是，我想当然地过起了终日无所事事的日子。在刚开始时，我感觉确实还不错，每天满足于打麻将、淘宝购物、"葛优瘫"……甚至有时连脸都不洗，在家里一躺就是一整天。只是，渐渐地，我发现家人看我的眼光变了、家人对我的态度变了，甚至会面临一个令人尴尬的问题——我没有收入，需要伸手向家人要钱。

姐妹们，在你伸手要钱的那一刻，你就输了，因为你已经没有了主动权。我不擅长穿衣打扮，每天穿得十分邋遢；我不懂理财经营，只会"买买买"，买一堆根本没用的东西堆在家里；我不懂沟通交流，一张嘴就是家长里短，要么就是找借口、找理由吵架；我不懂人情世故，经常做得罪人的事情。终于有一天，家庭大战爆发了，全家人都觉得我是一只"寄生虫"，除了好吃懒做什么都不会。那时，我还委屈地哭着对老公说："是你说你要养我的啊！"甚至我摆出一副特别无辜的样子，好像全世界就我最可怜，真是应验了那句话——"可怜之人必有可恨之处"，而我的可恨之处是放弃了自己的自立和自尊。

那个时期的我连走出家门都根本不知道要去哪，每天围着老公转，说话又很难听，连一个知心的朋友都没有。因此，我不得不进行"被迫式改变"，因为再不改变就可能会被扫地出门了。于是，我开始尝试找工作、去面试，只是由于在家待了太久，根本不知道能做什么，找工作时只敢应聘行政前台或服务接待等岗位。更糟糕的是，好吃懒做的时间久了，我根本无法适应朝九晚五的工作，因为早上真的起不来。最后，经过不懈努力，我只得到了平安保险公司夜班接线员岗位的面试机会。为什么是上夜班？因为我早上真的起不来。

面试很顺利，我轻松过了初试，通过了复试，最后到了终面（最终面试）。由于在当空姐时养成了职业习惯，我把自己打扮得漂亮得体。看着镜子里的自己，我觉得面试一定没问题，我从名校毕业，还有航空公司的从业经历，面试月薪1500元的接线员岗位还能失败？

我信心满满地走进面试场，一位面试官看着我的简历不可思议地注视着我，然后又与旁边的面试官悄悄议论着，我心里的"小鹿"乱跳，心想：面试官一定被我的优秀履历震惊了吧？几番问询之后，一位面试官对我说："侯小姐，感谢您来参加我们的面试，您很优秀也很漂亮，但是这份工作并不适合您，非常抱歉！"

桥段常规，套路老土。那一刻，面试官后面说的话我真的什么都听不进去了。连月薪1500元的接线员岗位都不适合我，我到底还能做什么？或许，归根结底，是他们觉得像我这样的人肯定不会在这个岗位上待太久。

我开始反思自己，到底为什么被拒绝，为什么我给人的印象是不踏实。反思之后,我觉得根本原因是当时我的自我定位出现了偏差,我太没自信了,内心自卑到极点,甚至我觉得我的学历、经历不仅不会给我加分,反而是"耻辱"——学历太高,不适合接线员岗位。

这样的自卑是可怕的,也是很多全职妈妈现在正在经历的。因为在家里闲得太久,就像温水煮青蛙一样,开始觉得无所谓,但渐渐地,当"大祸临头"时再也无力反抗。

痛定思痛,我自欺欺人地喊了几天的口号,然后又肆无忌惮地在家里躺了一段时间。我想很多人都会这样,好了伤疤忘了疼,昨日反思、明日照旧,假装在努力,但是最后都成了"口号家"。

尽管如此,我每天都觉得很忙、很累。我买了很多线上课程,可是一个课程都没学完;我买了一大堆励志书,可是翻了几页就再也不"舍得"翻开;我想参加的线下课程有很多,但不是嫌远就是嫌贵,要么就是觉得累。我每天很忙、很累、很慌张,最后却越来越焦虑。我相信很多人都有类似的感受,我们只是看起来很努力,没有目标、没有方向、盲目学习,最终一事无成。

正当我觉得我的人生只能将就下去时,我接到了平安保险公司面试官的电话,他说:"你有当空姐的经历,是否能够给我们公司的接线员开展一次关于礼仪方面的培训?"当时的我哪里知道什么叫培训，但是，机会就摆在眼前，不去就有可能会后悔一生，于是我当下就决定：去！

在此，给大家"安利"一句金句——"当你纠结于一件事到底该做还是不该做时，选择去做！你怎么知道做了之后会有不好的结果呢？"

于是，我把自己关在家里一个星期，每天都在背诵礼仪方面的知识、观看礼仪方面的视频，为了一个小时的培训使出了"洪荒之力"。在硬着头皮开展完培训之后，有学员对我说："侯老师，你讲得太好了！""太好了"这三个字像回音一样在我脑海里不断地跳动，毕竟已经太久没有人夸过我了，甚至连我自己都要放弃自己了。原来我不仅可以做到，而且可以做好，只是需要我踏踏实实地去努力、更专注而已！

从那以后，我不断学习、不断积累经验。别人不去的地方我去，别人不讲的内容我讲，别人不敢挑战的事情我去勇敢尝试。只要有机会，我就去争取；只要有机会，我就去尝试。我坚信我一定可以做到！

迄今为止，我已经创立了两家培训公司，每年的营业额都在 1000 万元以上。精心开发的线上课程也被各大平台分发，线下课程的销售也风生水起，这一切源于我的信念、源于努力、源于坚持！以前的我很卑微，被人嫌弃且毫无自信；现在的我很独立，我有"惯着你"的能力，也有"换了你"的气魄。

在我的蜕变过程中，我走了很多弯路。我发现，我订购的那些课程，我之所以无法看完，是因为授课时间太长，没有重点；我学习的那些课程之所以"无用"，是因为其内容无法进行实操和落地。在这本《魅力女性修炼手册》中，我从自我激励、高情商沟通、穿搭指南、美妆技巧四个方面进行讲解，帮助大家利用碎片化时间轻松掌握可以落地的方法，并且通过"今日金句"与大家共勉。

感谢我人生中遇见的所有人，感谢那些让我成长的岁月！

目 录

**第一辑
自我激励**

• 自我激励

01 存储你的自信，勇敢面对生活中的挑战 /2
02 你是"绝版正品" /3
03 提升意志力，拉开你与别人的差距 /4
04 用 20 个数字建立自信 /5
05 尝试让你恐惧的，才能让你"气场两米八" /6
06 学会再现"状态好的自己" /7
07 消除焦虑、激发潜能的小妙招 /8
08 定义一个新身份，激发人生最大潜能 /9
09 和自己对话，是最好的自我激励 /10
10 这样提升自我认知，你会活得更精彩 /11
11 如何借助他人的力量，激励自己 /12

12 重复一句激励名言，不如重复微小的动作 / 13

13 10 秒激活精力 / 14

- 职场进阶

14 职场女性注意这个小细节，会更有影响力 / 15

15 女性如何通过发挥独特的优势，改变生活 / 16

16 现代女性想要成功，必须放下这件事 / 17

17 如何在职场中获得幸福感 / 18

18 掌握"三不"原则，实现职场破局 / 19

19 做到这点，你也能从"菜鸟"变成职场精英 / 20

- 行动指南

20 这样做计划，能帮你不断接近梦想 / 21

21 想"摸鱼"的时候，不如"摸点有用的鱼" / 22

22 给你的幸运公式 / 23

23 晚上坚持这个习惯，第二天不再疲倦和迷茫 / 24

24 每天半小时，你会从此不一样 / 25

25 要想"开挂"，你得学会"不坚持" / 26

26 女人的大"短板"，要这样补起来 / 27

27 每天花 5 分钟做这件事，提升幸福感 / 28

28 如何避免想得太多却做得太少 / 29

29 担心气场不够强？这里有对策 / 30

30 如何突破年龄的限制，给自己崭新的开始 / 31

31 这样做，提升遇到"惊喜"的概率 / 32

32 写下你最担心的 5 件事 / 33

33 这个简单却有效的习惯，帮你做出改变 / 34

34 让你变得更乐观的方法 / 35

35 原来，成功型性格是这样炼成的 / 36

36 "不做清单"比"必做清单"还重要 / 37

37 这些清晨习惯，让你更快乐、更健康、更高效 / 38

38 对什么都不感兴趣，怎么办 / 39

39 职场妈妈的幸福修炼术 / 40

40 学会思考，对信息要有所取舍 / 41

41 成功有公式吗？有 / 42

- 思维方式

42 成功者具备的这个思维方式，你也可以拥有 / 43

43 把挫折变成转机的智慧 / 44

44 幸福的公式 / 45

45 利用"第二自我"，强化专注力 / 46

46 总觉得时间不够用？也许你需要这个思维方法 / 47

47 从现在这样思考，你会在将来受益匪浅 / 48

48 敢于坚持自我，更要敢于说"不" / 49

49 你的"天花板"不是年龄，是你自己 / 50

50 可千万别给自己挖这个坑，还埋怨世道不公 / 51

51 远离"朋敌"，建立自信 / 52

52 改掉顽固的坏习惯，一点也不难 / 53

53 怎样摆脱"劣质勤奋" / 54

54 创造力来自融会贯通 /55

55 靠近那些真正值得你尊敬的人 /56

56 被期待，也不过分努力，才能不焦虑 /57

57 面对低谷时的这个心态，决定了你人生的高度 /58

58 任何时候，你都需要在事上磨炼 /59

59 女人，什么该争 /60

60 女人，什么不该争 /61

61 "单身力"是重要的竞争力 /62

62 生活最大的稳定，来自你的"反脆弱"能力 /63

63 你总找这个借口，怪不得一直没成功 /64

64 面对挫折，你要有这个能力 /65

65 习惯用"右手"的你，要偶尔用用"左手" /66

66 女人真正的美，开始于觉知 /67

67 不想做年轻的"老"女人，请收回这三句话 /68

68 想让工作、生活更如意，不妨"迟钝"一点 /69

69 打造理想人生，你最需要掌握这个思维方式 /70

70 用这个法则构建你的成长路径 /71

71 帮你修炼优雅与美感的方法 /72

72 容忍一点小混乱，才能提升幸福度 /73

73 什么样的女人总能遇到肯拉自己一把的男人 /74

74 优雅的气场来自哪里 /75

75 不要让一切留在"未来之岛" /76

76 优秀的女人，都会优先选择这样东西 /77

77 这样提升格局，让你更接近成功 /78

78 如何提高"单身"的价值 /79

• **情绪管理**

79 花1分钟，善待自己 /80

80 给你的快乐养成术 /81

81 建造独一无二的"女人屋"，滋养自己 /82

82 干掉嫉妒心，甩掉烦恼 /83

83 如何更加理性地应对失败 /84

84 别让情绪拉低你的生活层次 /85

85 1个调解术，赶走坏情绪、收获好运气 /86

86 快乐是一种习惯，你可以这样养成 /87

87 休息都不会，谈什么奋斗 /88

88 自律，不是消耗，而是滋养 /89

89 如何对待来自同伴的压力 /90

90 让你正能量爆棚的秘诀 /91

91 每天早晨醒来，都要有所期待 /92

• **人生目标**

92 一份"人生清单"可以激励整个人生 /93

93 每周主动为你的梦想做两件事 /94

94 1分钟人生规划法 /95

• 幸福财商

95 你的梦想是最好的存钱罐 / 96

96 越花钱、越有钱的方法 / 97

97 大胆去体验你想过的生活 / 98

98 羡慕别人有一亿元,不如自己踏实去挣一千元 / 99

99 富豪们都有这个雷打不动的习惯 / 100

100 如何让自己成为被金钱喜欢的人 / 101

第二辑
高情商沟通

• 脱单实战

01 想脱单?你得了解这个小秘密 / 104

02 如何搞定心仪的男神?教你一个妙招 / 105

03 想引起男生注意,超简单! / 106

04 单身的气质,都隐藏在你的习惯中 / 107

05 与有好感的异性搭话的"播种法" / 108

06 男神说"咱俩不合适",该怎么回复 / 109

07 慢热型的姑娘,未必会输在爱情起跑线上 / 110

08 这都不知道,你还想脱单 / 111

09 约心仪的男生出去，怎样才能成功 / 112
10 这么聊微信，活该你单身 / 113
11 教你一招，如何用神秘感抓住他的心 / 114
12 怎样让他主动跟你表白 / 115
13 脱单搭讪法，制造一见钟情的邂逅 / 116
14 相亲时，如何显得你很贴心 / 117

- 恋爱情商

15 只用1个动作，就能让亲密关系不断升温 / 118
16 这4个字，蕴含着巨大的能量 / 119
17 一个小技巧，助你收获理想爱情 / 120
18 该不该向伴侣坦白你的过去 / 121
19 尊重他的沉默，才有长久的亲密 / 122
20 吵架一时爽，爱情两行泪 / 123
21 先明白了这点，再去恋爱、结婚 / 124
22 用"受伤"代替生气 / 125
23 怎样谈一场有惊喜的恋爱 / 126
24 怎样跟亲密的人提要求 / 127
25 往"情感账户""存钱"的诀窍 / 128
26 不如把恋爱变成讨好对方的即兴戏剧 / 129
27 这样表达你的不满，让对方更懂你 / 130
28 夸伴侣的黄金法则 / 131
29 有些话要反着说，他才能听你的 / 132
30 如何利用假期让感情升温 / 133

XVII

31 婚礼誓词，怎么说才让人难忘 / 134

32 说话时加上后缀词，温柔度满格 / 135

33 这样和男生聊天，瞬间吸引他 / 136

34 这个问题，是爱情的保鲜剂 / 137

35 撒娇的女人最好命，但你得会撒娇 / 138

36 关注"互补性需求"，收获完美爱情 / 139

37 最怕你是女汉子，却还抱怨男人不懂欣赏 / 140

38 伴侣爱吃醋怎么办 / 141

39 想要挽回他，这三件事情一定不要做 / 142

40 适度依赖，才能让两个人的关系更近 / 143

41 男人只会说"多喝热水"，怎么办 / 144

42 想表达"我爱你"，又怕肉麻，该怎么说 / 145

- **婚姻生活**

43 伴侣之间，抱怨的正确"姿势" / 146

44 爱的3种"语言"，让两性沟通更完美 / 147

45 让另一半成为你的人生搭档才是硬道理 / 148

46 与另一半相处的小妙招 / 149

47 让你的爱燃烧起来 / 150

48 你怎样说话，就有怎样的婚姻 / 151

49 打造愉快的两性关系，你需要向他发出邀请 / 152

50 这样度过蜜月期，才能让两个人越来越亲密 / 153

51 少期望对方，多关注自我 / 154

52 表达你的感恩和喜悦，他会愿意为你付出更多 / 155

53 想让老公做家务，千万不要说这几句话 /156

54 消费观有分歧，怎么沟通 /157

55 每天早上先做这件事，一天都会幸福甜蜜 /158

56 每天最重要的半小时，有两件事不能谈 /159

57 调教老公最佳指南 /160

58 有格局、情商高的妻子，不会要求男人做这件事 /161

59 婚姻的"沟通潜规则"，每对夫妻都该知道 /162

60 男人不愿意沟通，怎么办 /163

61 化解矛盾的"情书沟通"法 /164

• 人际交往

62 能俘获人心的接话小技巧 /165

63 怎样利用八卦为自己加分 /166

64 女性专属的职场人脉小妙招 /167

65 为你最在乎的弱点准备一句玩笑 /168

66 这个小细节，让你在社交中更受欢迎 /169

67 遇到难缠的问题怎么办 /170

68 轻松让自己变美的神奇沟通法 /171

69 这样聊天，魅力爆棚 /172

70 眼睛会说话的人，运气肯定不会差 /173

71 每天做这个功课，让你人见人爱 /174

72 克服害羞，让机会不再与你擦肩而过 /175

73 这样安慰人，才是真的高情商 /176

74 不知道怎么沟通？试着把对方当成你的情人 /177

75 巧妙验证对方的感受 / 178

76 让你更受欢迎的吐槽公式 / 179

77 先自黑,别人才会愿意与你聊天 / 180

78 想让别人答应你,话别说得太满 / 181

79 别人说你是大龄剩女,你可千万别入坑 / 182

80 夸人谢人,一定要"挠到痒处" / 183

81 说话的方式比内容更重要 / 184

82 巧妙接话,让你和任何人都聊得来 / 185

83 找到合适的话题,让寒暄不再变尬聊 / 186

84 倾听:与所有人都能沟通的秘密 / 187

85 你和情商高的人相比,差距在哪里 / 188

86 选什么话题最能与人拉近距离 / 189

87 克制是一种好的沟通习惯 / 190

88 如何引导黄金谈话方向 / 191

89 怎样发朋友圈树立优良的个人形象 / 192

90 提高吸引力,把你需要的人统统吸引过来 / 193

• 家庭关系

91 第一次去婆婆家如何留下好印象 / 194

92 什么礼物更得婆婆欢心 / 195

93 这件事,值得你花一生去做 / 196

94 幸福的家庭,少不了这个原则 / 197

95 婆婆问你什么时候生孩子,怎么回答 / 198

96 这样说,可以机智地应对亲戚逼婚 / 199

97 对家人,永远把这件事放在第一位 /200

98 在婆婆面前,怎样保护私人空间 /201

99 和婆婆相处,做到这一点就行 /202

100 和婆婆闹矛盾,怎么让老公站在你这边 /203

第三辑
穿搭指南

• 春秋季穿搭

01 这个简单易学的搭配,承包你一整年的时髦 /206

02 懒人也可以掌握的时髦穿搭大法 /207

03 运动装这样穿,瞬间年轻 10 岁 /208

04 最普通的白衬衫,怎么穿出惊艳感 /209

05 记住,卫衣一定要这样搭 /210

06 一条牛仔裤,就是你的美腿神器 /211

07 一件开衫,让你走路带风,惊艳全场 /212

08 毛衣+衬衫,春秋最经典的穿法 /213

09 这件 99 块的秋衣,能搭配你整个衣橱的衣服 /214

10 一件牛仔外套,穿出明媚感 /215

• 夏季穿搭

11 T恤常穿常新的小技巧 /216

12 如何挑选一条适合自己的小黑裙 /217

13 走路带风的夏日穿搭，超美丽还能降温10摄氏度 /218

14 怎么露肉，才能露出好身材 /219

15 吊带应该怎么挑，才能穿起来好看 /220

16 白T恤+牛仔裤，简约却经典的组合要怎么穿 /221

17 T恤+半裙，最简单好看的CP /222

18 性感短裤的挑选法则 /223

19 穿上这件衣服，一秒钟就能出门 /224

20 不是随便穿条长裙就能当仙女的 /225

21 显身材的裹身裙，不瘦该怎么穿 /226

22 夏天这样穿凉鞋，才能美美地露脚 /227

23 花裙子怎么搭，才能不土得掉渣 /228

• 冬季穿搭

24 裤子选不对，毛衣都白买了 /229

25 掌握这个小技巧，冬季穿出高级感 /230

26 同样是羽绒服，这样穿显瘦20斤 /231

27 这样挑毛衣，身材好又保暖 /232

28 冬天把裙子穿得好看，你需要掌握这些技能 /233

29 除了黑色打底裤，你还可以试试这些 /234

30 冬季衣服别乱穿，记住这5个要点 /235

• 不同场合的穿搭

31 职场女性穿衣升级必杀单品 / 236

32 穿成这样去旅行,显高、显瘦,拍照上镜 / 237

33 面试着装的几大原则 / 238

34 相亲、约会怎么穿 / 239

35 商务谈判或重要会议的穿搭 / 240

36 参加婚礼这样穿,好看又不抢风头 / 241

37 一衣多搭,轻松搞定一周商务差旅 / 242

38 重要场合,怎样穿得不显摆又有面子 / 243

• 配色大法

39 不懂色彩搭配,也能穿出高级感 / 244

40 穿对颜色,分分钟白两个度 / 245

41 最简单的黑白配,怎样搭才好看 / 246

42 不会出错的撞色攻略 / 247

43 如何驾驭好一身黑,拥有神秘气质 / 248

44 选服装颜色还要看这个?被忽略的肤色秘密 / 249

45 一身红,要怎么穿才能艳而不俗 / 250

46 肤色特别黄,穿什么更好看 / 251

47 黑色一定显瘦吗?不 / 252

48 粉色怎么穿,才能不俗气 / 253

- **弥补身材缺陷的穿搭大法**

49 显瘦 10 斤的搭配，就靠它啦 /254

50 小个子也能穿出 1 米 8 的"大长腿"，分分钟显高的小技巧 /255

51 掌握这些小技巧，平胸穿出曲线感 /256

52 谁说微胖女孩穿衣不时髦？这几招教你穿出高级感 /257

53 4 种身材，如何用大衣穿出完美身形 /258

54 阔腿裤搭配小技巧，胯宽、腿粗统统不见了 /259

55 看脸型，选穿搭，选对显瘦 10 斤 /260

56 这款裤子，是粗腿的人的救星 /261

57 忽略这个小地方，看起来胖 10 斤哦 /262

58 遮小肚子的秘诀，全在这里了 /263

59 巧妙利用错觉，穿出显瘦效果 /264

60 小腿有肌肉，应该怎么穿 /265

61 除了露脚踝、高腰线，还有什么显高、显瘦的技巧 /266

62 为什么你穿高领没脖子，别人却能显脸小 /267

63 身材有这样那样的问题，如何挑选泳衣 /268

- **配饰穿搭**

64 选对高跟鞋，让你舒服又美丽 /269

65 谨慎选靴子，"气场两米八" /270

66 单品选择的时尚技巧 /271

67 1 件顶 10 件的"万能胶"单品，了解一下 /272

68 巧用鞋子改变整体穿搭风格 /273

69 记住这几个关键点,平底鞋也能显腿长 /274
70 帽子——实用造型的捷径 /275
71 选对袜子,为职场造型助力 /276
72 如何用珠宝营造着装的高级感 /277
73 通勤鞋:得体又舒适的脚下时尚 /278
74 这个"柔软的支点",绝对不能少 /279
75 包与衣服的搭配,原来这么讲究 /280

• 风格穿搭

76 这样穿,秒变温柔小姐姐 /281
77 火爆的"无性别风",怎样穿才时髦 /282
78 如何少花钱还能让自己显得高贵 /283
79 你一定要学会的青春穿搭法 /284
80 成年人最标准的时尚穿搭公式 /285
81 这三个字,让你看起来很高级 /286
82 如何聪明地"买买买"? 记住这个公式,美丽升级又省钱 /287
83 怎么混搭都不会出错的公式 /288
84 如何穿出恰到好处的性感 /289
85 不挑年龄长相的优雅风,怎样才能穿好 /290
86 一穿成熟就老气? 娃娃脸女生穿搭指南 /291

- 时尚元素穿搭

87 使用时尚条纹元素的口诀 /292

88 经典的印花元素，怎么穿才能不土 /293

89 T 台上闪亮的皮革元素，如何运用到生活中 /294

90 复古波点元素的正确搭配方式 /295

- 穿搭小心机

91 掌握这个小心机，时髦感甩别人几条街 /296

92 "2 点搭配法"，一学就会 /297

93 掌握这些穿衣小技巧，拍照更上相 /298

94 掌握这个公式，瞬间告别"穿搭小白" /299

95 "1+1"叠穿大法，让你百变又时髦 /300

96 内衣选不好，仙女也会变"尬姐" /301

97 衣角塞得好，穿衣没烦恼 /302

98 每个人都要记住的穿衣基本原则 /303

99 裙子+裤子，叠穿的无限可能 /304

100 内搭、外搭反过来穿，时髦炸了 /305

第四辑
美妆技巧

• 妆前

01 护肤品使用秘籍 /308

02 一年四季的护肤方案 /309

03 保湿喷雾用错了,脸会越来越干吗 /310

04 瞬间找到适合自己的口红颜色 /311

05 晒后修复三步走 /312

06 打造水光肌,这一步不可少 /313

07 妆前保养秘诀 /314

08 妆前按摩 1 分钟,底妆效果更好 /315

09 快速了解自己的脸型,再不用担心化妆越化越丑 /316

10 你是浓妆脸还是淡妆脸?化妆不对毁颜值 /317

11 化个完美的妆,你要有几把刷子 /318

• 底妆

12 选最适合你的底妆颜色 /319

13 1分钟就能搞定的底妆法 /320

14 如何化出韩国女星那样的清爽底妆 /321

15 画出清透女神妆的窍门 /322

16 PS磨皮级的底妆 /323

17 通用的化底妆手法 /324

18 痘痘肌的专属底妆 /325

19 让底妆更为完美的"秘密武器" /326

20 这样选择遮瑕膏，瞬间告别黑眼圈、色斑、痘痕 /327

21 三种彩色遮瑕膏，摆脱痘痘、黑眼圈 /328

22 让妆容完美无瑕的遮瑕小心机 /329

23 脸上有痘痘，把它变成痣试试看 /330

24 鼻翼脱妆怎么办 /331

25 美妆蛋怎么用，才能彻底告别卡粉脱妆 /332

26 毛孔隐形术 /333

• 修容

27 自然立体的日常修容法 /334

28 修容打造小V脸，怎样才能不踩雷 /335

29 你的发际线后移了吗？这招能拯救你 /336

30 只用粉底也能瘦脸 /337

31 整形级别的鼻头缩小术 /338

• 画眉

32 快速判断你适合什么眉形的小妙招 /339

33 让眉毛漂亮有型的修剪方法 /340

34 "手残党"也能快速画出自然眉形 /341

35 不用带脑子的画眉大法 /342

36 一款不挑脸型的眉形 /343

37 帮你瞬间改眉妆的小魔法 /344

38 这款眉形，减龄又瘦脸 /345

• 眼妆

39 基础色大地眼影的惊艳效果 /346

40 打造彩色眼影的小秘诀 /347

41 容易上手的彩色眼影妆容 /348

42 超简单的多层次眼影妆容 /349

43 大胆使用撞色系眼影 /350

44 化出女神标配的卧蚕妆 /351

45 分分钟拥有魅惑大眼的下眼睑妆 /352

46 告别肿眼泡的眼影妆容 /353

47 零基础自然眼线画法，包教包会 /354

48 超简单的自然眼线画法 /355

49 一笔搞定眼线的方法，送给"手残"的你 /356

50 迷死人的下眼线，你也可以试试看 /357

51 单眼皮、内双女士的眼线画法 /358

XXIX

52 你肯定想不到的眼线神器 /359

53 调整不完美眼形的眼线画法 /360

54 学生也能轻松学会的心机伪素颜眼妆 /361

55 省事又显眼大的"极裸眼妆" /362

56 放大双眼的终极大招 /363

57 眼睛会不会放电，就看有没有这个小心机 /364

58 眼妆改成这个颜色，温柔100分 /365

59 拿什么拯救你，我的眼袋 /366

60 不脱妆的睫毛画法，做天生的"睫毛精" /367

61 准备两支睫毛夹，新手也能夹出漂亮睫毛 /368

62 多层睫毛不好夹？改用勺子试试 /369

63 贴出自然、丰密假睫毛的小窍门 /370

64 告别塌睫毛、苍蝇腿、易晕染 /371

• 腮红

65 用对腮红，有元气，显脸小，气色好 /372

66 腮红"瘦脸术" /373

67 娇俏软萌的减龄腮红 /374

68 让人桃花附体的眼下腮红 /375

• 唇妆

69 拯救"干"尬唇 /376

70 涂口红前这样做，唇妆才能好看 /377

71 调整唇形的自然唇妆化法 /378

72 这样画，轻松驾驭大红唇 / 379
73 画出微笑唇，打造少女感 / 380
74 红唇画得对，男神天天追 / 381
75 这样画唇妆，拥有"初恋颜" / 382
76 唇色深的人怎么涂口红 / 383
77 口红一次只能用一种颜色吗？试试这个方法 / 384
78 我的唇妆，吃饭、喝水、下雨全不怕 / 385

• 定妆

79 散粉的妙用，化妆师级别的小技巧 / 386
80 魔法定妆技巧 / 387
81 超长"待机"、不脱妆的定妆大法 / 388
82 打造持久的哑光感妆容 / 389
83 这样化妆，去游泳都不怕 / 390

• 妆后

84 妆后起皮的急救方法 / 391
85 上班族必备的急救补妆法 / 392
86 什么样的卸妆产品适合你 / 393
87 洗脸也要"少量多次" / 394
88 紧急化妆术：一支口红搞定全妆 / 395

• 妆容小技巧

89 学会这个"快手妆",每天多睡半小时 /396

90 一个腮红,搞定全脸桃花妆 /397

91 让男神怦然心动的"素颜妆" /398

92 干练职场妆容给你加分 /399

93 有精神的好气色妆容,只多了这一步 /400

94 戴上眼镜也能好看 10 倍的妆容 /401

95 唇妆和眼妆怎么搭配才显高级 /402

96 少女感的眉眼妆 /403

97 带上这个"橡皮擦",妆容随时随地焕然一新 /404

98 这两条纹最暴露年龄,一定要遮住 /405

99 不完美化妆法,打造高级脸 /406

第一辑
自我激励

- 自我激励
- 职场进阶
- 行动指南
- 思维方式
- 情绪管理
- 人生目标
- 幸福财商

01 存储你的自信，勇敢面对生活中的挑战

当一个人拥有自信时，才会拥有更多的机会。无论是找工作、跟老板谈加薪还是约会，处处都需要有自信。在这里与你分享一个积攒自信的小方法：准备一个自信练习本。

这是一个老生常谈、简单，但极其有效的方法。每天坚持做这件事，你的自信一定会得到极大的提升。你只需在每天睡觉前列出自己当天完成的 3 件成功的事情，哪怕事情很小，小到你都觉得不值得被放进来。

举个例子：今天只用 3 小时就完成了工作，超顺！同事今天夸我新买的衣服好看，感觉自己的衣品又提升了呢！今天见客户时沟通得不错，工作能力被客户认可，加油！

写给自己看，每天都写，不信马上试一次，你会发现写完就会觉得特别爽，可以开开心心去睡觉了。

自信是一笔财富，需要被存储和保护，让我们从今天就开始记录吧！

| 今日金句 | 每个人都是一个宇宙，请从内心深处相信自己的价值。 |

02 你是"绝版正品"

我们都有向别人介绍自己的经验，这个过程，就是在推销自己。但我们要是说自己喜欢读书、旅行，这用在任何人身上都不违和，被人记住的可能性不大。

假如换一种形式呢？例如，在介绍时可以说我是金融领域最幽默的，搞笑界最懂金融的，这样是不是立马就不一样了？我们要向人售卖的，就是你的"不同"。

所以要时刻记住：在这个世界上，没有人和你一样。换言之，我们是自己唯一的"绝版正品"。

把自己当成"绝版正品"来经营，你就要努力去寻找自己跟别人的差异所在，这样才能让自己更值钱。

如果你不清楚自己跟别人有什么不同，不妨向周围的亲戚、朋友请教，问问他们在与你接触中你有哪些地方让他们印象深刻，然后把这些点发扬光大，让"长板"更长。

| 今日金句 | 当你超过别人一点点时，他会嫉妒你；当你超过对方一大截时，他就会羡慕你。 |

03 提升意志力,拉开你与别人的差距

人虽然只有一个大脑,却有两个自我。一个自我喜欢及时行乐;另一个自我则能克服冲动、深谋远虑。我们总是在两者之间摇摆不定,例如,有时拼命减肥,有时不吃夜宵就睡不着。

当两个自我产生分歧的时候,总会有一方击败另一方,一般来说,那个冲动的自我常常获胜。

那么如何提高意志力呢?

首先,每当冲动的你要击败自控的你时,就想想有什么事情可以延迟冲动。例如,下班时你就换好运动服,就可以直接去健身房,而不是回家。

还有一个简单的提升意志力的方法,就是冥想,冥想 5 分钟就够了。在冥想训练中,目标就是专注呼吸。每当冥想结束时,你就会感到精神更好,注意力更集中,也更有控制力。

意志力就像肌肉,每天练习,一定会越来越强。

| 今日金句 | 一切都是你自由意志的选择。 |

04 用20个数字建立自信

给你分享一个建立自信的小妙招：拿出一张纸，写下1～20的数字，作为序号，然后再写下对自己的20个积极评价。

例如，你可以写下令你自豪或是被称赞过的性格特点，如善良、诚实、灵活、忠诚、乐于助人、富有艺术气息等。

还要提及你在生活中的成就，但不要将成就局限于工作与学习中。如果你有很多死党、相爱的伴侣、亲近的兄弟姐妹，要记得这些也是成就，因为这些美妙的关系可不是谁都有的。

如果一时想不起那么多的话，你可以用下面这些句式促进思考，像是：

"我是怎样的人""我有什么""我感激什么""人们可以依靠我来做什么"等。

写下对自己的20个积极评价，可以帮你驱赶负面情绪，快速建立自信。

| 今日金句 | 我们可以缺钱、缺觉、缺心眼，唯独不能缺自信。 |

05 尝试让你恐惧的，才能让你"气场两米八"

一个人之所以悲观，主要是由于他内心积累的负面情绪发泄不出来。所以我们会在影视剧中看到，在经历重大挫折后，主人公往往会被带去鬼屋或极限乐园发泄，一喊为快。

我们也可以借鉴这个做法，到一些让自己恐惧的场所，刺激自己，让情绪发生变化。

如果你不想感受太多刺激，也可以从高处往下看、坐长滑梯或者玩蹦床，同样能帮你把积压在体内的能量释放出来。

这种训练通过电子设备也能完成。例如，在电视上看拳击或格斗比赛等视觉冲击力较强的比赛；用 VR 眼镜观看滑雪、赛车、蹦极等第一视角影片；玩惊险的体感游戏等，都能起到类似效果。

经常做这样的练习，逐渐战胜恐惧、担心、怀疑等，你的气场就能快速变强。

| 今日金句 | 去做你害怕做的事情，这样才能消除你的恐惧。 |

06 学会再现"状态好的自己"

每个人都有状态好和状态不好的时候，当状态不好的时候，我们可以调整自己，把负面情绪的影响降至最低，方法就是：重现"状态好的自己"。

这需要我们在平时留意自己状态好的时候的身心状态和想法，从多方面进行观察，最好能用语言描述出来，并记在纸上。

例如，很多人状态好的时候，会无意识地抬头挺胸，挺直腰杆。所以，如果自己不在状态的话，可以有意识地通过挺胸、直腰等动作来重现好的状态，帮助我们缓解沮丧的心情。

当状态不好的时候，只要我们了解让自己状态变好的方法，就不用再害怕了，也不会因为自己状态的变化而产生过多的焦虑。

记得，要想不慌不忙地度过每一天，就要格外注意自己的身心状况。

| 今日金句 | 最伟大的提醒者并非他人，而是你内心的声音。 |

07 消除焦虑、激发潜能的小妙招

只要每天坚持做这件事，焦虑肯定与你无缘，而且还能激发出你的创意和潜能。方法就是：一边做有氧运动，一边听激励歌曲。

运动出汗可以排除压力激素，焦虑感就会被降低，同时身体会产生让你愉快的内啡肽激素，如果再在运动中听一些斗志昂扬的歌曲，三种作用同步，很容易让你进入一种前所未有的自我价值感爆棚的状态，甚至会让你感觉到自己的潜能都被激发出来。

所以，在你遇到难题时，把问题放在一边，先去放松，答案就会自然浮现出来。身体的运动，也会让大脑放松，甚至激发思维快速运转。

如果你从事的是创造性的工作，这个方法既可以帮助你消除焦虑，又能给你带来灵感，使你工作效率提高。

| 今日金句 | 站着不动，你永远都只能是观众。 |

08 定义一个新身份，激发人生最大潜能

有时候我们很想努力改变，内心却是抗拒的。给你分享一个小技巧："定义一个新身份"，来激发你深层次的改变动机。

有个孩子从小口吃，非常自卑。有一天，妈妈对他说："孩子，你口吃，是因为你的嘴巴无法跟上你聪明的脑袋。"这个新的定义让他豁然开朗，从此，"口吃"这个身份标签被"聪明的人"所取代，长大后，他成了美国通用电气公司的首席执行官。

我们也可以效仿他。在遇到不想做的工作时，把自己当成"未来的老板"，要求自己必须熟悉工作流程；在拖延减肥时，把自己当成"因肥胖导致疾病的人"，必须坚持锻炼才能重拾健康。

这种自发的内在激励，可以从内到外改变你，让你动起来。

| 今日金句 | 你有能力创造一切，唯一的限制就是你给自己设下的界限。 |

09 和自己对话，是最好的自我激励

说起自我激励，很多专家会推荐一种叫"自我肯定"的方法，也就是选一句激励自己的话，每天像鹦鹉学舌一样重复。我们可以把这个方法改进成"自言自语"法，和自己对话。

一个人想让自己的人生变得更加完美，再也找不到比自己更好的探讨对象了。因为没有人比你更清楚自己的问题是什么，也没有人比你更清楚自己拥有哪些技巧和能力。

具体做法如下：

每天早上花 5 分钟跟自己对话，主要有两句：第一句，在我的生活和工作中，有哪些方面令自己满意？第二句，除了让自己满意，我还可以再做些什么？

别看这只是两句简单的自我提问，通过这种探讨性的对话，不仅可以进行自我肯定，怀揣自信开启新的一天，还可以促使自己不断精进。

| 今日金句 | 生命里第一个爱恋的对象，应该是你自己。 |

10 这样提升自我认知，你会活得更精彩

哲学家梭罗说："一个人怎么看待自己，决定了此人的命运，指向了他的归宿。"这种对自己的看法在心理学上被称为"自我价值感"。

想要增强自我价值感，有两个关键：

第一，关注自己的需求，接受自己的状态。例如，你平时话比较少，参加聚会的时候，觉得加入谈话很累，这时不要着急否定自己，告诉自己聆听也是很好的参与。

第二，关注外部的需求，看看自己能做什么。在公司部门、项目小组、宿舍室友、微信群等团队中找到自己的位置，如果你不擅长表达，就可以帮大家把观点整理出来，做好服务。

不管你的角色定位是什么，只要认真观察，就总能找到力所能及的事，做好它，你的存在感也会增强，人生也会打开新的一页。

> **今日金句** | 一个人若能战胜自己，也就攻无不克、战无不胜了。

11 如何借助他人的力量，激励自己

当我们陷入低谷时，来自他人的力量也能让我们重新焕发生机，在这里分享"借力"的两个小技巧。

第一个小技巧是把他人的鼓励写下来。如果有人对你说了赞美的话，如"你越来越美了""你的演讲越来越有趣了"等，你就可以把这种口头鼓励变成书面的，反复阅读，多次激励。

第二个小技巧是从他人身上寻找自我效能感。通常，当跟自己水平差不多的人，如一起长大的伙伴、公司同事有了出色的成绩时，我们就会冒出"如果他可以的话，我也可以做到"的自我效能感。在日常生活和工作中，我们也可以利用这种积极的效能感来鼓励面临压力、情绪低落的自己，重温他们的事迹，获得自信。

面对眼前的压力，不要自己扛，试着从身边小伙伴们的身上寻找力量吧！

| 今日金句 | 别只顾埋头赶路，请结伴而行。 |

12 重复一句激励名言，不如重复微小的动作

很多关于自我提升的书籍和讲座，都有很实用的内容，可是我们往往在当时看得或听得热血澎湃，过不了几天又回到老样子。

如果你必须学会使用电脑，躺在床上不断念叨"我是个电脑奇才"之类的话有用吗？

生活中，让我们感到疲倦的往往不是我们"做了什么"，而是"没做什么"，所以改变你的最佳途径是改变事实，要相信自己是一个优秀的"完成者"。每一天，都要为自己设定一些微小的目标，并确保实现。

成功总是包含了许许多多、无聊乏味的小步骤，电视上那些披金戴银的精英运动员们，一回到训练场，就又恢复了每天晚睡早起的生活，做大量的力量训练和技巧训练。

重复微小的动作建立起来的自信，肯定比重复某些格言来得更为长久。

| 今日金句 | 当前积累的点点滴滴，会在你未来的某天串接起来。 |

13 10秒激活精力

我们平时避免不了加班、压力过大、睡眠不好、紧张和焦虑等状况，总会导致自己的状态欠佳。我们都想时刻保持充足的精力，可是精力这东西看不见、摸不着，该怎么办呢？给你分享的方法不仅简单，而且可操作性极强，就是——兴奋跳跃法。我们的大脑其实是很好骗的，你告诉大脑你很兴奋，它就真的会兴奋起来。

举个例子：

在情绪低落的时候，找个私密的地方，用激动的心情上下跳跃10秒，还可以同时放声吼叫，大脑就会兴奋起来。这是因为，血液在短暂运动后的高流速和人体激动状态下的血流速一样，再加上假想的愉悦感，大脑主管兴奋的区域就会被激活。

打不起精神来的时候做做这种练习，很容易就能再次进入高效的状态，不信试试看。

| 今日金句 | 这个世界对你的打击还不够吗？可千万别让自己也加入进去。 |

14 职场女性注意这个小细节，会更有影响力

今天给你分享一个帮助职场女性修炼气场的好方法——控制微表情。女性并不像男性那样善于管理自己的表情，经常"踩雷"，在不经意间显露出厌恶、拒绝或生气的情绪。

尤其是在做正式的汇报时，你会发现由于太紧张，女性的微表情总是会给自己帮倒忙，如抿嘴、目光游离、眉毛上扬，这些都会让别人觉得汇报人不自信，进而怀疑讲述的内容。

与之相反，善意的微笑和肯定的眼神都是让别人接纳的利器。因此，在听到任何信息或者处理任何工作前，建议你先留意自己的神态，控制好自己的五官。避免可能会造成的误解，再去做事，效果一定会更显著。

好的习惯不是一两天就养成的，学会控制微表情，从小处着手，一步步来吧！

> 今日金句 | 内心的平静喜悦，会制造出最美的表情。

15 女性如何通过发挥独特的优势，改变生活

作为一个既想拥有圆满的家庭，又想在事业上获得成就感的女性，一定要学会发挥自己独有的优势。很多女性，正在将自己的工作经验和对生活的独特理解结合在一起，开辟一番新的天地。

例如，有位图书编辑，她在有了宝宝之后就想：有没有一种工作，是能让我平时在家里和上班时做的事是一样的？后来她想到了做儿童书，这样就能把生活和工作紧密结合起来。现在她已经成了优秀的绘本编辑，有孩子反而帮她登上了新的事业高峰。

无论在哪个领域，如果你持续地、热忱地投入到一件事中，你一定会看到一个明显的结果。

女性的独特优势，通常包括沟通力、共情力、美感等，你的优势在哪里呢？愿你赶快找到，并拥有丰满、幸福的生活。

| 今日金句 | 你需要的不是平衡，而是整合。 |

16 现代女性想要成功，必须放下这件事

女性在职场上，要放下的第一个恐惧就是世俗观念。

有人曾做过一项实验：分别向两组学生讲述一个成功企业家的故事，两个故事只有主人公的名字不同，一个是名为海蒂的女性，一个是名为霍华德的男性。实验结果显示，所有的学生都认为，他们更想与霍华德共事，却觉得海蒂很自私。

在传统观念里，人们倾向于将男性与领袖特质相关联，而当女性也扮演了领袖角色时，就会让很多人不舒服、不喜欢。

虽然在法律地位上男女平等了，但在传统的观念里，甚至是女性对自己的认知里，障碍依然存在，女孩子们自己都在害怕变得太优秀。

所以，不妨问问自己：如果克服了恐惧，你会做什么？追随自己的内心，才能勇敢地迎接挑战。

| 今日金句 | 潜意识就是生命的预言书，向你的潜意识输入积极向上的思想。 |

17 如何在职场中获得幸福感

有这样三位姑娘，看看你属于哪一种：

A 女孩做这份工作，主要就是为了多赚点钱。

B 女孩挺喜欢这份工作，但她并不想一直做下去，她对自己的未来有很多打算，她觉得现在的工作是在浪费时间，但只有做好，才能升职。

对于 C 女孩来说，工作就是她生命中最重要的一部分，工作早就融入了她的生活。

这三位姑娘分别代表了大多数人对工作的三种不同认知：工作、职业和事业。只有你把工作当作事业，才能真正获得满足感和幸福感。

所以，你要结合你的兴趣、优势选择你的工作，使你的价值得到展现，这不但会使你更喜欢你的工作，还会将枯燥的工作变得有生气。你真心愿意去做一件事，它就能为你带来更大的满足感，你会获得更多的幸福。

| 今日金句 | 幸福，是每一天都用你的优势去创造满足感。 |

18 掌握"三不"原则，实现职场破局

今天给你分享帮你轻松应对职场的"三不"原则：不看、不听、不说。

第一，不看。对于领导、同事和客户提供的所有文件资料，你要迅速聚焦需要的内容，对于不需要的部分要"视而不见"，以免被太多不相干资料干扰，忽略了重要部分，导致浪费时间和精力，降低工作效率。

第二，不听。无论是公司内部还是外部的信息和小道"八卦"消息，你都要"充耳不闻"，过滤掉无用的部分。

第三，不说。无论是多么重要、紧急的事情，在正确判断状况前，做"观而不语"状。学会观察，并保证说出的每一句话都是在有事实理论依据、不损害公司利益、不伤同事和气的前提下。

不看、不听、不说，将注意力放在重要的事情上，才能加速实现职场破局。

| 今日金句 | 成功=勤奋地学习+正确的方法+少说废话 |

19 做到这点,你也能从"菜鸟"变成职场精英

在职场中,做到"双倍付出",你的成长速度会加倍。

也就是用"两倍量"和"两倍速"来满足客户的要求。例如,客户要求一周内做出 2 个方案,我们就要在 3 天内搞定 4 个方案,这样能获得对方"速度快""想象力丰富"的极高评价。

当然把工作成果翻倍,也要注意把握好工作的度,在做 4 个方案时,前 2 个要严格按照客户的要求做,剩下的就可以在客户要求的基础上,加入我们独特的设计,对方案进行改良,这样做也不需要花费太多时间。

面对自己很想达成的目标,也可以用双倍付出的做法来提高成功的概率。

只要你花点心思,坚持这个冲刺技巧,就会在不知不觉中提高工作能力,从职场"菜鸟"变成职场精英。

| 今日金句 | 事儿多想一层,活儿多做一步。 |

20 这样做计划，能帮你不断接近梦想

我们总是习惯当"好学生"，按照权威划定的成长路径，读下所有学位，乖乖上岗，把一切计划完美之后再行动，但这种思维方式会阻碍我们取得更大的成功。今天给你分享一个制订计划的小技巧：飞跃行动。

简单地说，立刻行动就是飞跃行动。制订一个你在7~14天就可以完成的计划，着重于此刻你能做什么，而不是总想着"希望以后会如何"。

举个例子：

如果你想要设计一个网站，可以先写一份简介，然后发给目标市场中的10个人，请他们给出反馈意见，你才能了解什么样的网站更吸引大家，而不是一味埋头苦干。

结合你的长远目标，问自己："我眼下立刻可以做出的飞跃行动是什么？"每完成一个飞跃行动，你离梦想就又近了一步。

| 今日金句 | 没有所谓的"完美时刻"，先完成，再完美。|

21 想"摸鱼"的时候，不如"摸点有用的鱼"

调查显示，人的注意力高度集中只能维持 20 分钟左右。所以，作为拖延症患者，"摸鱼"是肯定的。这点上我们暂时放弃想改变的心态，不要太自责。之所以拖延，有一个很重要的原因是不想干，而根据不想干的程度，可将事情进行一个排序：

（1）特别不想做的。

（2）非得有人逼一下才能做的。

（3）做不做无所谓的。

不想做（1），我们可以先做（2）和（3）试试。

据说，某著名大学的一位校长，曾在其每次想拖延博士论文的时候，就去看看电影换个思路，最后一本影评文集先于博士论文问世了。

再比如，有一年的搞笑诺贝尔奖，颁发给了一位研究拖延症的教授，他不想写论文时就去跟学生聊天互动，虽然论文拖延了，但是学生对他的评价很高。

你看，"摸鱼"就"摸点有用的鱼"，总会有所收获。

| 今日金句 | "摸鱼"就"摸点有用的鱼"。 |

22 给你的幸运公式

"他们能有今天的成就,都是靠运气吧。"很多人都会认为一些机遇的获得纯属偶然,可那些看似偶然的机遇背后,都隐藏着幸运者内心的思维模式。

幸运者都有开放性思维,他们热衷于体验各种新生事物,品尝各类新奇美食,尝试新奇的做事方法。相反,"倒霉者"大多非常传统,喜欢按部就班的做事方式,希望今天和昨天一样,明天也不要有太大的变化,最好不要发生任何意外。

送给你一条幸运公式——每周认识一个陌生人。例如,在咖啡馆找那些看起来比较友善的人,和他搭讪、聊天。从习惯陌生人,到能大胆接纳陌生事,让自己的生活处在开放之中,才能给运气增加基数。

做幸运者也是有方法的,向开放的方向前进一步,你的幸运值就会噌噌上涨。

> **今日金句** | 如果幸运的概率是一定的,跑道越多,你就会越幸运。

23 晚上坚持这个习惯，第二天不再疲倦和迷茫

本杰明·富兰克林每天晚上都会自问：我今天做了什么值得庆贺的事情？

每天临睡前，你也应该进行"倒带"，回顾自己这一天的表现。

在反思自己哪些方面做得不够好的同时，一定要花时间反思自己做得非常棒的方面，这会让你保持积极心态。

在反思的时候，最好把想法写下来，可以参考下面的问题：

你完成了什么？没有完成什么？

你对这件事情有什么感触？

如果你可以在更短的时间内完成这件事，你将会怎么做？

你做了哪些无关紧要但又十分紧急的事情？

如果想让第二天变得更加高效，你会做出什么改变？

每天的睡前反思，只需要花上 5 分钟时间即可，但这 5 分钟对第二天产生的影响却非常大。

| 今日金句 | 持之以恒的行动就是定力，能随时反省自己就是修行。 |

24 每天半小时，你会从此不一样

有些人会将下班后的时间花在兴趣爱好上，为成为"斜杠青年"而努力，有些人会朝着职业目标奋力前进。总之，你应该做的是积极地投入你想去做的事情上，而不是懒散地瘫在沙发上。

每天晚上花 30 分钟的时间，做自己最想做的、最有意义的事情，不仅会让你保持幸福、健康的良好状态，还可以让你产生自我价值感。

写文章，学习一门新的语言，参加艺术创作活动，学习某种乐器，参加设计体验活动，学习编程，收集并出售二手老古董，这些事情都值得你去尝试。

这些事情不仅可以让你保持清醒的状态，还可以对你的日常工作产生积极影响，让你在工作中变得更高效。

每天抽出 30 分钟，持续地去做一件事情，是获得成功的关键。

| 今日金句 | 为使人生幸福，必须热爱日常琐事。 |

25 要想"开挂",你得学会"不坚持"

我们通常认为,只有弱者才会选择放弃,但是凡·高放弃做传教士,却成了著名画家;鲁迅放弃学医,却成了一代文豪。他们的放弃,是为了完成新的使命。

在我们成长的路上,如果方向错了,坚持就成了钻牛角尖,所以一定要学会合理放弃。

放弃不是说句"我不干了",把手一甩就行,合理放弃可以分四个阶段:转换念头,正视情感,转移目标,立即行动。

例如,在你刚结束一段感情时,与其强迫自己不沉迷于往事,不如多想想和家人的回忆。当觉得难过时,可以找朋友倾诉,或者痛快地哭出来,然后尝试制订新的学习计划,结交新的朋友。时刻记住,放弃其实是为了给自己更好的选择。

有舍才有得,我们要学会该坚持时坚持,该放弃时放弃。

| 今日金句 | 若要前行,就得离开你现在停留的地方。 |

26 女人的大"短板",要这样补起来

逻辑思维弱,缺乏独立思考,是很多女性的大"短板"。在生活和职场中,我们时常有理说不出口,这就是逻辑思维能力差的体现,这完全可以通过训练来培养和加强,可以分为三步走:

第一步,提高阅读效率。在阅读过程中提炼主旨,当我们能把一本书、一篇文章的内容清楚地复述给别人时,就证明真的掌握了书里的知识点。

第二步,善于倾听。开会时,仔细聆听每位同事的工作汇报,梳理他们发言的思路和主旨;工作中,要听清别人说的话,听懂话外音。

第三步,锻炼表达能力。如果准备说一段重要的话,记得先打腹稿,把想要表达的每一个点都用一句话概括,把思考转化为语言,表达能力会迅速提升。

经常进行这样的训练,才能用靠谱的逻辑思维来做出独立的选择。

| 今日金句 | 思考的最终目的,是为了让心智更自由。 |

27 每天花 5 分钟做这件事，提升幸福感

很多"鸡汤"都说，给予比接受更好。这是真的。当我们对他人表现出慷慨、热情和友好时，我们会得到强有力的情感奖励，这种幸福感会超过绝大多数其他行动。

给予没有那么困难，5 分钟就够了。每天只需要用 5 分钟时间，去帮助别人，不求任何回报，就能够为你带来持久而有效的幸福感。

有个小建议供你参考：找到一个志同道合的社群，可以是知乎、豆瓣这样的公开社区，也可以是微信群、QQ 群，每天花 5 分钟，分享一些自己的工作心得和所思所想。同样，如果你见到别人的分享，觉得对你有帮助、有价值，不妨给他一个反馈，告诉他：谢谢你，你的分享对我很有用。

这是一个"双赢"的做法，它可以带来一连串的良性循环，提升你的幸福感。

| 今日金句 | 不懂给予的人，永远无法让自己被别人接纳。 |

28 如何避免想得太多却做得太少

人人都有拖延的毛病。很多人拖延的借口是"没时间",例如,一想到打扫房间,就觉得要用很长时间,自己暂时抽不出空。害怕开始,总觉得事情太难,对自己没有信心,才是我们拖延的真正原因。今天就给你分享一个对抗拖延的小妙招——"10 秒行动"。

"10 秒行动"就是,做一件事时,先不必要求自己把事情全部做完,而是先用 10 秒的时间,完成开头的一部分,这样一个简单的改变,就能有效避免拖延。

举个例子:

想要打扫房间,先花 10 秒整理一下桌面;想要写篇文章,先花 10 秒打开文档写下标题;想要看一本书,就先花 10 秒把书从书架上拿出来。

10 秒,不会给你任何心理压力,先获得一点小小的成就感,就能让我们更容易进入做事的状态,试试看吧!

> 今日金句 | 行动力,才是拉开差距的关键所在。

29 担心气场不够强？这里有对策

我们想要增强气场的时候，往往是在交际场合。既然是交际，当然免不了要说话，那么如何说话，才能说得有气场呢？给你的建议是——带着"渴望"去交谈。

例如，推销员始终渴望客人会买下商品，上司始终渴望下属会接受批评。当我们心中有渴望时，大脑就会围绕着它去思考，这时思维极其活跃，精神高度集中，气场自然就会更强，更容易感染对方。

举个例子：

谈判就是要说服对方，那就带着说服的渴望去交流。

在交谈的目的性不那么强的场合，如在某个线下活动中，跟陌生人做自我介绍时，可以带着"我要流畅地做完自我介绍"的渴望去交流。

找到自己的渴望，告别你的木讷和没有气势，气场就会变得强烈起来。

| 今日金句 | 怀抱一个让世界更美好的愿景，让至少一个天赋被看见。 |

30 如何突破年龄的限制，给自己崭新的开始

随着年龄的增长，怎样在任何时候，都能有底气拥有崭新的开始呢？最重要的一点是，有自己的生活风格。用风格引导生活，这样既可以认清自己的高度，也可以培养自己的气度。

我们可以问自己两个问题：

第一，如何才能见识到优质的事物？

第二，要保持身心健康，自己必须做些什么？

假如你的答案是：要见识到优质的事物，需要与"牛人"进行交流。那么就可以向身边的"牛人"取经，还可以加入社群，跟更多"牛人"建立连接。

假如你的答案是：要保持身心健康，必须定期去体检。那就每年去医院做个全身体检，了解自己的身体状态。

年龄既可以成为资本，也可以成为枷锁，关键在于心态和做法，用年轻的心态活着，会拥有更幸福的人生。

| 今日金句 | 岁月悠悠，衰微只及肌肤；热忱抛却，颓废必致灵魂。 |

31 这样做，提升遇到"惊喜"的概率

我们总觉得很多网红"突然火了"，但如果没有先前的积累，他们肯定不会有今天。这就是一种长尾效应：在日常的生活之外，努力去做一些能够沉淀下来的事情，才能提升遇到惊喜的概率。

这些事情，可以是写文章，可以是拍视频博客（Vlog），可以是录制自己做手工的过程，可以是发布自己拍的照片，甚至，也可以是拓展自己的交际圈，努力去认识更多的人……无论如何，只要你在做出一些产品，在向外传播自己的声音，在拓展自己的接触面，你就有机会遇到惊喜。

去埋下一颗颗"种子"，并持续给它们照料。也许，通过你的文章，你找到了志同道合的朋友；也许，你无心录制的视频突然火了，给你带来了更多的商业合作机会。

一切都有可能。

| 今日金句 | 美好的事物总会到来，但它只会眷顾做好准备的人。

32 写下你最担心的 5 件事

如果你正在被一堆乱七八糟的事情所困扰，教你一招：把自己最担心的 5 件事情列举出来，无论是工作方面的，还是家庭情感方面的都可以，问问自己"我现在能为它们做的一件小事是什么"，不要只是担心，要把担心变成行动。

举个例子：

我在担心昨晚跟老公谈话的时候态度不太好，我会问自己"现在我能做些什么"。

通过把问题摆在行动的舞台上，你会想出很多可能解决问题的办法，例如：

我可以下班时给他买个小礼物。

我可以现在打电话告诉他，我很担心自己说话的态度不好。

我可以在某个地方给他留一个贴心的小纸条。

当你真的去做的时候，你会发现，担心消失了。只有行动，才可以消除恐惧，消除不确定性，所以，赶快采取行动吧！

| 今日金句 | 带着一颗敞开的心行动，我们就会遇见奇迹。 |

33 这个简单却有效的习惯，帮你做出改变

笔者经常看到许多人在等餐、等车、无所事事时，会拿出手机刷朋友圈，填补短暂的无聊时光。这很可惜，因为利用碎片化时间的最好方式不是阅读或学习，而是思考。

思考什么呢？非常简单。把你之前看到的信息、做过的工作、读过的书在脑子里过一遍，重新去回忆、提取和梳理，这样就行了。

这是对大脑结构的整理，同时也是灵感和创意的来源。你会发现，许多平时被忽略的细节，会突然都显现在你面前；许多苦思已久的问题，会突然跟记忆深处某个节点产生共鸣，被勾连出来。

试一试，有意识地隔绝新鲜刺激对大脑的吸引，经常放空大脑，让思维自然地游走。这或许是提高记忆力和思维能力最自然的方式。

| 今日金句 | 所谓人生就是一瞬间、一瞬间的积累，仅此而已。 |

34 让你变得更乐观的方法

有时候我们会悲观，是因为解决不了眼前的问题，从而自我怀疑、自我否定，如果不加以调整，很容易变得消极，在日复一日中打击自己的自信心。如何变得乐观呢？今天给你分享一个方法——"缺什么，补什么"。

"缺什么，补什么"就是弄清楚到底是因为什么事情让你变得消极，然后把它列为重点解决的目标。

举个例子：

与其你觉得自己颜值不够高而情绪日渐低落，还不如把精力花在研究适合自己的发型、妆容和穿衣搭配方式上，每找到一个新的方法，就是解决了大问题中的一个小问题。假以时日，一定能找回自信。

"缺什么，补什么"，积极面对，而不是逃避然后暗自神伤，"补"的过程，就是努力解决问题的过程，当一个人具备了解决问题的能力时，就会自然而然地变得乐观。

| 今日金句 | 乐观是一种心态，更是一种能力。 |

35 原来，成功型性格是这样炼成的

医生可以根据症状诊断疾病，成功和失败也可以被诊断。勇气，就是与成功有关的一个重要因素。

工作和生活中处处需要勇气，如鼓起勇气提问、表白、上台演讲等。缺乏勇气在很大程度上是因为太在乎别人的看法，要想变得更加勇敢无畏，有一句可以经常用：我身上的缺点不是我的错。如上台演讲前，担心自己会结巴，那你就可以在心里默念："结巴不是我的错。"这样就会轻松很多。当自己缺乏勇气的时候，要学会运用这个心理控制术。

另外，我们在小事上积累的勇气可以给大事助威，例如，上班路上可以做"问路练习"，和陌生人说话；听讲座的时候可以做"提问练习"，向嘉宾提问等。

学会给自己勇气，就向成功型性格迈进了一大步。

> 今日金句 ｜ 勇气是尽管你感觉害怕，但仍能迎难而上。

36 "不做清单"比"必做清单"还重要

在新年开始的时候,你是不是总会列一个"今年必做的多少件事"的清单,除了这些"必做清单",也推荐你去列一下"不做清单"。

想想在过去的一年里,大家都完成当初定下的目标了吗?恐怕很多人的答案都是没有,而最常见的理由无非就是"没有时间"。没时间,是因为很多不重要的事占据了时间,如果把时间都放在真正想去做的事情上,我们的目标可能早就完成了。

不必做的事情可以有很多,例如,"除了工作,不使用社交软件""不去参加不必要的饭局",列出这些事情,是为了帮助我们为真正想去做的事腾出时间。能够上榜的事情,都是那些收获很小或者是做了之后会让自己后悔的事情。

想想看,你觉得哪些事情可以上榜呢?

今日金句 | 行动是绝望唯一的解药。

37 这些清晨习惯，让你更快乐、更健康、更高效

对很多人来说，一天中的大多数时间都混乱的，总是被各种紧急的差事打断，相比之下，清晨这段时间就显得格外珍贵。今天给你分享三件早晨应该做的事，你可以在其中找一件最适合你的。

第一件事情是，一醒来立刻就开始锻炼。如果你觉得规律的健身计划很难坚持，那么利用清晨的时间，就能确保锻炼的优先地位，这也能让你精力充沛，迅速进入工作状态。

第二件事情是，冥想静坐。它可以帮助你在一天中保持平静、减少焦虑。

第三件事情是，学习优先。把有些困难的事情列为一天中的第一件事，让你不会忘记。当你想要完成一个重要的学习目标却一直找不到时间时，推荐这种方法。

一定要利用好清晨这段最重要的时间，让你变得更快乐、更健康、更高效。

| 今日金句 | 在为他人做事之前，要做对自己最有益的事情。 |

38 对什么都不感兴趣，怎么办

许多做什么事都提不起兴趣的人，往往都存在一个关键问题：他们的生活圈子太狭窄了。

日复一日重复着相同的工作、生活方式，面对着相似的问题，交流的人都是老面孔。久而久之，你会陷在自己的小世界里出不来。

所以，非常关键的一步就是：引入一些不同，让生活多一些难以预测、难以把握的变量。

你可以试着学习一些技能，不要求精通，只需利用 20% 的业余时间去学习即可。通过学习，去拓展自己的认知边界和可能性范畴，接触到更多的生活方式；你可以试着跟不同领域的人交流，看看他们在做什么、想什么；你可以试着跳出自己现在的圈子，去寻找新的圈子、新的群体，去跟他们进行思想上的碰撞。

你会发现：原来，世界可以这么大。

| 今日金句 | 无论生命带给我们什么，都要勇于对改变说"是"。 |

39 职场妈妈的幸福修炼术

作为职场妈妈,总是会日复一日奔命般地游走在家—公司—孩子学校的三点一线中,无法自拔。其实,我们可以通过一些简单的小技巧,让幸福指数大增。今天就给你分享一个方法:每天都有仪式感。

例如:

周一是学习日,用来看书、学习技能,提升自己。

周二是运动日,好好去健身、锻炼。

周三是电影日,选择一部好电影,可以独享,也可以和家人一起看。

周四是早餐日,早起为全家做一份营养丰盛的早餐,拍照留念。

周五是写作日,记录下自己的所思、所感、所悟,并分享出来。

周六是家庭日,安排家庭亲子活动,例如,和孩子共读一本书,或带他逛逛博物馆。

周日是踏青日,带上全家一起去户外走走。

定下你的主题日,每天都有仪式感,这让你每天都充满期待,享受每一个身份。

| 今日金句 | 可以风雨无阻,但别"刀枪不入"。 |

40 学会思考，对信息要有所取舍

你平时会不会从微信文章中收集信息，或是看很多"快餐书"？建议你不要这样做，虽然这些做法让你很舒服，感觉收获颇丰，但长期来看，对思考能力的提升是无益的。就像长期吃代餐、喝营养液，会使消化能力变弱。

提升思考力，最简单的方式就是尽量摄入一些让自己"不那么舒服"的信息。尽量避开低信息密度的内容，多看一些信息高度浓缩、需要我们动脑思考的东西。

具体而言，像专业文献、学术论著、经典教科书以及一些大部头的系统性著作，包括不同领域的经典入门书，都可以是我们用来锻炼大脑的材料。

尽量多看一些信息高度浓缩的东西，让大脑去咀嚼和消化它们，日复一日，这就是不断提高思考能力的过程。

| 今日金句 | 思考时，要像一位智者；讲话时，要像一位普通人。 |

41 成功有公式吗？有

人人都渴望成功，但真正成功的又有几人？其实不管你身处什么行业，都有一个共通的接近成功的法则：给你的目标定下"每日功课"。也就是你给目标设定一个框架，列出每天必做的功课，那么你达成目标的机会就会增加10倍。

起初，你可能会觉得有点痛苦，会有抵触情绪，但相信我，坚持几周下来，一旦你形成习惯，就会爱上这种规律的生活。

再分享一个可以通用的"行业精通方程式"，需要你做三件事：

第一，每天阅读行业准则、新闻、杂志、网站30分钟。

第二，每季度约见一位业内专家喝咖啡。

第三，每年至少参加两次行业大会。

没有你想象得那么复杂，只要遵循这套简单的方程式，很快，你就能成为行业内顶尖的人，开启职业生涯的另一番景象。

| 今日金句 | 知生之意义者，善忍世间任何苦痛。 |

42 成功者具备的这个思维方式，你也可以拥有

现任美国总统特朗普，在他的畅销书——《像亿万富翁一样思考》中分享过一个故事：一天，他十分繁忙，没时间听任何汇报，可是有人仅花了 3 分钟，就向他做了一次十分精彩的商业汇报，后来他们达成了交易。

可以想象，如果那次商业汇报是长篇大论，那么特朗普无论如何也听不进去，这说明一个道理——简洁，才能胜出。我们可以平时锻炼自己的简洁思维。

举个例子：

限制自己做一次汇报不超过 5 分钟，说清楚一个道理不超过 3 分钟，做一次自我介绍不超过 1 分钟。

坚持做这样的训练，不断问自己"还能更简洁吗"，你会发现你的工作效率和生活效率都能提高，因为，你学会了去除一切不重要的因素，只把握最核心的问题。

| 今日金句 | 任何事物都不及伟大那样简单，能够简单就是伟大。 |

43 把挫折变成转机的智慧

遇到挫折内心有波动，这很正常，关键在于你能否控制它对自己产生的影响。这就是"自我影响力"。

自我影响力越低，就会把事情看得越重。例如，早上起晚了，没赶上公交车，就抱怨司机没等自己，到了公司又把怨气传给同事，这样不是会越来越糟吗？

自我影响力高的人会采取另一套策略：他们不会把事情看得过重，没赶上车就只是没赶上，换下一趟车继续走就是了。

提高自我影响力的关键是从容淡定，方法则是把自己渺小化。

我们要让自己意识到：遇到的麻烦是多么渺小。可以在手机里存一首大气磅礴的音乐、一部描述宇宙浩瀚星空的影片。每当情绪不受控时，就拿出来听听、看看。或者，干脆抬头仰望天空，也很有效。

| 今日金句 | 命运真正眷顾的，是那些从错误中领悟到智慧的人。 |

44 幸福的公式

说到"幸福"两个字,你肯定会觉得这是一个抽象的概念,但今天我要告诉你,幸福是可以被衡量的。

给你分享一个幸福的计算公式:H=S+C+V,翻译过来就是,幸福的持久度=幸福的范围+生活环境+可控变量。

幸福的范围不可改变,生活环境也很难改变,如果硬去纠结这两个不可控因素,如抱怨自己不是富二代、为什么自己不是天生丽质,对我们提升幸福感没有任何帮助。

幸福的关键在于,牢牢把握住可控变量,否则便会常常觉得不幸福。例如,有位女士希望老公调个好工作、儿子考试进入前 5 名、自己能瘦 10 斤,除了瘦 10 斤是能独立完成的,其他都需要各方面的配合才能实现。所以,她的幸福感并不高。

如果你能改变你能改变的,你的幸福程度就会大幅上升而且持久。

| 今日金句 | 让你获得幸福的美德:**智慧、勇气、仁爱、节制、正义、精神卓越。** |

45 利用"第二自我",强化专注力

我们每个人其实都是"人格分裂"的,不止拥有一副面孔,每个人在不同的情况下,都会表现出不同的性格特征。

"第二自我"策略,也就是让你从众多的性格中,找出一种对目前的状况最有用的性格,让这种性格附体,主导你的行为。

举个例子:

"钱眼小姐"的特点是理性、能干,当你准备购置物品的时候,这种"第二自我"就很合适。

"超人女士",强大、自信,当你面对一个需要鼓足勇气才能完成的任务时,就让她来登场。

是不是很像演员演戏?把这种技巧运用到生活中,就能带给你极致的专注力。

"第二自我"也是对自己的一种暗示,不断告诉自己"第二自我"是完成这项任务的最佳人选,然后慢慢把它变成真的。

| 今日金句 | 没有专注力的人生,就像睁大眼睛却什么都看不到。 |

46 总觉得时间不够用？也许你需要这个思维方法

你每天能够真正用来学习和工作的时间有多少？很多人都会说：8小时。但今天要给你分享的方法，是一开始就告诉自己：我没有8小时，我只有4小时。这样想，反而能让你的时间利用更高效。

这是为什么呢？如果你默认每天有8小时工作时间，那么这一天里，但凡有点风吹草动，像领导、同事找你有事之类的，你都会抓狂，觉得他们是在占用你的时间。长此以往，你会变得焦虑、烦躁，不影响效率才怪呢。

如果你默认工作时间只有4小时，就可以找回自己对时间的掌控感，你就会尽可能地把任务集中完成，就算有计划外的事情发生，你也会平静地接受，因为它们并没有占据你的工作时间。

这样，你会变得更加平和、高效。

> **今日金句** ｜ 不要害怕你的生命将会结束，而要害怕它从未开始。

47 从现在这样思考，你会在将来受益匪浅

现在，我们有太多直接获取知识的渠道，如互联网搜索、知识付费、问答平台，这让我们习惯了拿来就用，导致思考能力每况愈下。

当我们遇到一个问题的时候，先不要去问别人是怎么看的，先自己思考。具体怎么做呢？最好的方法是把想法可视化。找一张白纸，平铺在桌子上。

悬而未决的项目、对日常工作的优化、生活中碰到的问题，都可以作为思考的主题。把关于这些主题的片段、情绪、判断、关键词等统统写下来，让你的想法由点到面逐渐连成一片。

不要把我们的"每天1分钟"当成答案手册，而是把它作为引子，用里面的观点、案例重建自己的"思考帝国"。假以时日，你一定会成为真正能思考、懂思考、会思考的人。

| 今日金句 | 真正的生活，开始于我们独立思考、独自感受的时刻。 |

48 敢于坚持自我，更要敢于说"不"

很多人认为，独立就是有一份自己的事业，坚持自己的梦想。实际上，这只是女人独立的基本条件，我们还要有独立的人格。

具有独立人格的人从不畏惧来自他人的反对，她们喜欢独立思考，控制情绪的能力强，注意维护自己的权利。

经典电影《乱世佳人》中梅兰妮的扮演者哈佛兰，就是这样一位女性，她很清楚自己想要什么，主动去寻找适合的角色，推掉了所有"傻白甜"的角色邀请，公司为惩罚她而延长她的工作时间，于是她大胆地将公司告上法庭，政府因此颁布了禁止电影公司违法延长合约的"哈佛兰法"。

坚持正确的判断，对不恰当的安排说"不"，对合适的机会全力争取，必要时敢于维护自己的权利，这些优秀品质就是你的独立人格。

| 今日金句 | 内心有着既定的航程，无常的命运之风就吹不倒你。 |

49 你的"天花板"不是年龄，是你自己

很多女性随着年龄的增长，最爱找的理由就是："我年纪大了，力不从心了。"

想想烟草大王褚时健，74 岁高龄才从零开始种橙子。世界上最老的体操运动员，90 多岁的老奶奶约翰娜·奎阿斯，仍能轻盈、优雅地进行体操表演，从她的脸上，看到的不是岁月的磨砺，而是发自内心的活力。

问题的核心不是年龄而是心力。当你又想以年龄作为借口，为平庸找理由时，这个"治疗"方案，也许会让你重燃斗志，那就是：忽视年龄，计算生产力。

就算你现在 50 岁了，也还有三四十年的生产力，这几十年，依然有机会创造无限可能。更何况，今天是你余生最年轻的日子，那还有什么理由将人生的宽度和深度延缓到年龄更大的明天呢。

| 今日金句 | 你年龄多大，我不关心，我想知道，你是否愿意像傻瓜一样不顾风险。 |

50 可千万别给自己挖这个坑，还埋怨世道不公

"我叫立志，大学期间，我同时修了三个专业，拿了十几个职业证书！结果毕业后我的工作成功地绕开了所有专业。"

"我叫美丽，我同时爱上了三个男孩，虽然他们都不爱我，但选择起来还是非常为难。"

虽然这是段子，但却体现了很多人的真实情况：我们总会尽一切努力争取更多的选择，结果却是两手空空。

"我有无限可能"，这句话很励志，但却缺乏策略性。我们必须要有"关门思维"，你要有意识地忽略一些可能性，扔掉牵扯你大量精力的、性价比不高的事物，你才可能迎来突破。

你要是什么都想保留，那么生活也会对你有所保留。简单，才是应对复杂的利器。

不要着了"多吃多占"的魔，守住一点，稳住，我们才能赢。

| 今日金句 | 幸福，就是把灵魂安放在最合适的位置。 |

51 远离"朋敌",建立自信

美国社交名媛帕里斯·希尔顿发明了一个词——朋敌。它是指那些围绕在你周围的损友。

身边的人会给我们的行为和幸福带来实质性的影响。和总是给你积极鼓励的人在一起,你会变得更自信;和打击你的人在一起,你会变得自卑。

建议你把身边的人分为三类:

A 类是最积极、给你最多支持和鼓励的朋友。

B 类是对你的生活比较感兴趣,会给你一些支持的朋友。

C 类是很少支持你的人。

名单列好之后,我们在关键时刻就可以用"有选择的社交"来增加自信。例如,当我们受挫或者准备应对挑战时,主动跟 A 类朋友接触;当我们需要保持自信心时,避免跟 C 类朋友接触。

自信会传染,找到那些能够感染你的人,你的自信心会更强。

| 今日金句 | 当你成为自己最好的朋友时,就再也没有任何人不能成为你的好友了。 |

52 改掉顽固的坏习惯，一点也不难

我们应该如何改变，才能让自己比从前更好、更强大？答案只有一个：戒掉不良习惯，培养好习惯。今天给你分享一个拒绝诱惑的"自制策略"。

虽然我们都知道不能放纵自己，但就是很难抗拒那多出来的一杯酒、一份甜点和一时冲动的买买买。其实，彻底放弃一件事情要比适度放弃容易得多。

举个例子：

很多女孩现在注意戒糖，她们会要半糖的奶茶，或一份甜品分两次吃完。但是这还不如下个决心，直接把碳酸饮料、奶茶、甜品全戒了。

所以干脆一点，要戒掉什么就彻底一些，直接拒绝一件事情，比翻来覆去想到底要不要做这件事容易得多。慢慢地，我们对这件事的渴望程度就会越来越低。

希望你能试试看，改变自己目前的生活状态。

| 今日金句 | 做一个自由又自律的人，靠势必实现目标的决心认真活着。|

53 怎样摆脱"劣质勤奋"

"别人都在拼,所以我也要拼!"那究竟拼什么呢?很多人并不知道,所以就越忙越焦虑、越焦虑越忙,逐渐陷入了死循环。今天给你分享一个摆脱"劣质勤奋"的小技巧:用以致学。

"用以致学"是以具体任务为导向,目标精准地学习。通过一个时间段,集中、有效地掌握一个领域的专业知识,并能够很快上手运用,它比"学以致用"更为重要。

举个例子:

老板刚给你升了职,请你带一个5人团队,这时你的学习目标就很明确,那就是怎样管理团队。这样带着具体任务去攻读管理类的书籍,你就能一边学一边筛选,理论能迅速指导实践,边实践边看清自己的不足,及时改进。

"用以致学",基于具体项目、任务、问题展开学习,会使你的勤奋更加精准、有效。

| 今日金句 | 我向往的自由,是通过勤奋和努力实现的广阔人生。 |

54 创造力来自融会贯通

莫扎特曾说,"我一生从未写过一首完全原创的曲子"。他的作品,都来源于他听过的曲子。

其他行业也是一样的,创造力就是充满活力的再创造,这个世界上的很多财富,都是在某个已有服务或者产品的基础上,通过再创造产生的。

例如,美国的公众演说家史蒂夫,起初以那些著名的励志演说家为榜样,但不管他做得多么好,都无法超越前辈。后来,他把自己的两项业余爱好——表演和单口喜剧与演讲结合起来,在做励志演讲的时候,他运用表演技巧,获得观众好评,大获成功。

所以,找出本行业的榜样,认真总结他们的优缺点,找出那些还没被他人做好的事情,通过再创造把它们完美地呈现出来,仅凭这一点,就能让你与众不同。

站在巨人的肩膀上,你会看得更远。

| 今日金句 | 发财并非运气,而是你创造了机会。 |

55 靠近那些真正值得你尊敬的人

曾任麦肯锡日本分公司董事长的大前研一先生认为，有一种方法可以从根本上改变一个人，就是改变这个人现在交往的人群。

相不相信，如果你周围都是些态度极其保守、喜欢维持现状、逃避挑战的人，那你肯定会受到影响，往那些人的方向靠拢。这是有科学依据的，镜像神经元俗称"模仿细胞"，当我们目睹他人的言行时，会不由自主地去模仿。

只有你和不怕挑战、积极进取、富有创新精神的人接触次数越多，你的精神状态才会越接近这类人。

建议你最好努力结交自己所憧憬的榜样，通过搬家、跳槽、改变一起吃午饭的对象或者改变社交软件上的交流对象等方式，不断扩大自己的人际圈。观察他们的生活与言行，真正以他们为榜样，你的人生会充满力量。

| 今日金句 | 愿你的每一次破碎，都能迎来遍地野花的盛开。 |

56 被期待，也不过分努力，才能不焦虑

"小王，好好努力，让你负责这个项目，是领导对你的认可。"听到这种话，你可能会像打了鸡血一样兴奋。

当我们被委以重任或者别人对我们有所期待时，我们往往会格外努力。虽然这是一种非常上进的状态，但如果因为过分努力而给自己带来了沉重的心理负担，这样的努力就是有问题的。因为你一旦认为自己没达到对方的期待，就会觉得自己非常无能，甚至带有负罪感。

这时候你需要认清：这种期待只是一种纯粹的人际关系或职场关系，不是说对方对你的期待是 100 分，你必须做出 200 分的成绩才甘心。就算是因为没有达成期待而失望，也大可不必上升到否定自己能力的程度。

这个道理分享给急于成功的你，给你做个借鉴，愿你在成长的路上内心坦然。

| 今日金句 | 你太过焦虑，是因为从未看清自己。|

57 面对低谷时的这个心态，决定了你人生的高度

当我们处在人生低谷的时候，通常会任由各种情绪肆意滋生：为什么倒霉事就要发生在我身上？凭什么要针对我？可是这样的挣扎毫无用处，反而会让你更加心烦意乱，什么也干不了。

这时，你要磨炼一种心态：当下不杂。杂是杂乱的杂，也就是在遇到事情的时候，该干什么就干什么。

倒霉了、失恋了、被裁了，有的人可能要连续十天半个月才能缓过来，"当下不杂"的人，可能也需要一些时间处理好自己的情绪，但更重要的是，他会跟自己对话，会理性思考，做好计划来应对困境，继续好好吃饭、好好睡觉，这才算是真正地管理好了自己。

在面对低谷的时候，愿你拥有一种定下来的能力，不被负面情绪所牵绊。

| 今日金句 | 所谓低谷，对于成长的你，只是转角和台阶。

58 任何时候，你都需要在事上磨炼

王阳明有句话说："人必须在事上磨炼做功夫。"也就是说，人要在做事的过程中，磨炼自己的心智和能力。

例如，公司本来要派 A 小姐去国外工作，但机会却被"走后门"的同事取代了。她冷静下来，问了自己两个问题："我现在可以做些什么？""我能不能换一种方式来应对这种境遇？"她分析现状，觉得如果不出国，就可以有多余的时间来更深入地学习专业知识和提高专业技能。于是一年后，她跳槽到了更好的公司。

遇到挫折，当我们懂得认清局势、打开思路的时候，其实就已经赢了一半。这条路不行，换一条试试，万一"柳暗花明又一村"了呢。从能做的事做起，才是走出困境的第一步。

在我们有了"事上磨炼"的心态后，就能找到提升自己的机会。

| 今日金句 | 你可以认命，但不可以认输。 |

59 女人，什么该争

很多名言和名著都在告诫女性，做人要宽容，不要计较得失。可是，在资源有限、机会有限的社会里，"争"是必然现象，职场毕竟是利益场，更何况，大多数人都是从"残酷到没朋友"的应试教育系统中走出来的，竞争意识非常强。那么，我们该"争"什么呢？

第一，争取佳绩，把领导交代的每件事尽量做到完美，不断自我学习和自我鞭策。

第二，争取信任，给伙伴充分的安全感；实力过硬，让领导放心把事情交给你完成。

第三，争取时间，提高工作效率。

第三，争取利益，必须是合理范围内的利益，而不是说要寻求利益最大化，除了应得的薪水，还有培训机会、与行业专家共处的机会、自我展示的机会等。

愿你在成长的路上，能维护自己的合理权益，又不急功近利。

| 今日金句 | 成长，永远比成功重要得多。 |

60 女人,什么不该争

女人的姿态一定要优雅,不该计较的就不计较,要做到四个"不争"。

第一,不与领导争对错。即使你明白对错,也不要公开唱反调。如果你总是抬杠、反驳,就算你是对的,也永远得不到领导的好感。

第二,不与同事争聪明。要力求公平、合理地评估对方的能力,并制订适合自己的竞争方案,才能确保稳中求胜。

第三,不与下级争功劳。如果你已经拥有了自己的小团队,礼贤下士和推功揽过都是必修课,这不仅有助于形成互相信任、支持的心理环境,还有助于形成互相激励的向上环境。

第四,不与同性争才貌。切忌用美貌和招摇博得关注,满身本事,低调发挥,又虚怀若谷,以此结交贵人,拓展人脉。

该争的争,不该争的不要争,广结善缘,路才会越走越宽。

> **今日金句** | 不争、不吵、不炫耀,才是顶级的智慧。

61 "单身力"是重要的竞争力

"单身力"是女人重要的竞争力。但我们说的"单身",不是要你不谈恋爱、不结婚,而是独立、独善其身、独具一格。

怎样塑造"单身力"呢?一句话:不强求别人,先达到自己最好的状态。

拥有"单身力"的女人,或许早就为人妻、为人母,但很难见到思维定式中对已婚、已育妇女的刻板印象,她们也很少用某一个身份来限制住自己。她们尽量平衡事业和家庭,即使困难再大,也不抱怨,即使算不上游刃有余,也努力保持积极的状态。

就像赵薇说的:"我的婚姻准则就是不给我的另一半增加负担,我保持自己的独立人格和独立生活,我去做最好的自己,但我对另一半不会有过多的要求,我的底线就是尊重。"

这段话,正是表达了"单身力"的态度。

| 今日金句 | 女人,先脱贫再脱单,顺序别反! |

62 生活最大的稳定，来自你的"反脆弱"能力

如果一个人总是追求安稳、规避风险，经不起一点儿变化，扛不住一点儿挫折，那这样的人是脆弱的。面对无力改变的外界变化，还有另外一类人，他们拥有强大的"反脆弱"能力，不仅能承受住打击，还可以从磨难中获得成长。

今天给你分享一个提升"反脆弱"能力的策略：杠铃策略。在该策略中，高风险与安全并存。

在投资上采取杠铃策略，可以把 90% 的资金投到非常安全的渠道，把 10% 的资金投到高风险、高回报的渠道。

在工作上采取杠铃策略，可以让你把主要精力放在本职工作上，而花一小部分精力培养一项自己的兴趣爱好。

杠铃策略，可以保护自己免受风险的极端伤害，同时让有利因素顺其自然发挥作用，有机会从波动和变化中获益。

| 今日金句 | 风会熄灭蜡烛，却能使火越烧越旺。 |

63 你总找这个借口，怪不得一直没成功

世上最痛苦的事情，不是遭遇失败的痛心，而是"我本可以"的懊悔。很多人之所以屡屡求而不得，是因为容易给自己的失败找借口。

认为成功的人特别有天赋，而自己不够聪明，是最常见的借口。

关于智商，我们常常有两个误区：一是低估自己，觉得要有足够强大的头脑，才能去接受挑战；二是高估别人，认为那些成功人士总是无所不知，都有很高的智力水平。

事实上，智力差异所带来的影响，远没有我们认为得那么大，成功人士最重要的优势不是记住大量知识，而是懂得如何去找到答案。产生真正影响的，其实是你的做事态度、思维方式、专注度等，这些都比智力本身更重要。

所以，可千万别再动不动就说自己笨了，赶快去踏实做事！

| 今日金句 | 命是弱者的借口，运乃强者的谦辞。 |

64 面对挫折，你要有这个能力

挫折随时都可能出现，迎难而上才是正确的打开方式。你的"担当力"，决定了你愿意承担责任的程度。

"担当力"低的人，遇到问题的第一反应就是逃避，最终肯定会自食其果。"担当力"高，也并不是说要承担起所有的责任，而是从结果出发，思考责任、改善现状。

衡量"担当力"高低的方法很简单，只需要问自己：如果这件事不用你担责，你会不会主动帮忙解决？

例如，公司明天要举办很重要的活动，你发现有个漏洞。提出来你就可能要加班，不提的话你也不用担责任，你会怎么选？应该从结果逆向思考：活动失败会影响公司形象，公司形象与我有关，所以我需要负责，找出漏洞，和大家一起想办法，而不是逃避加班。

别把问题看得太重，事情往往没那么糟。

> **今日金句** ｜ 人的生命应该是丰盛而有缺陷的，缺陷是灵魂的出口。

65 习惯用"右手"的你，要偶尔用用"左手"

如果跟你说"你要设定明确的人生目标，你要试着乐观一些"，你肯定会说"我不知道怎么做啊"，但你心底的声音应该是"因为我从来没做过"。

很多人都会因为"没做过"而退缩。所谓励志，其实就是看你在多大程度上能掌控自己的思想。那么怎么才能说服自己勇敢去尝试呢？

我们可以借助一个思考模型——摆脱"右手"的使用习惯，尝试使用"左手"。我们习惯用右手，也能慢慢试着用左手。就像练习打篮球，最开始都是用一只手运球，但一定要把另一只手也练熟，这样对手就不知道怎么防守了。

如果你是个悲观主义者，不要认为你就只会悲观，只需要不断重复乐观的想法，就像练习使用左手一样，无论进展多么缓慢，好的转变都是必然的。

| 今日金句 | 成长，也许只是换条路走走。 |

66 女人真正的美，开始于觉知

在这个时尚泛滥的年代，我们对于美的标准也越来越极端和严苛。有时候，我们也会自我攻击，为什么我没有更瘦、更白、更漂亮……

面对这些焦虑，真正的办法是接纳真实的自己，然后明白，我们可以通过努力变得更好。

当你觉得瘦是美的时，就管住嘴、迈开腿，养成去健身房的习惯。当你认为自己越来越美时，你会慢慢发现自己生活的其他方面也都在改善，你就是自己美好生活的"塑造者"。

当我们发现有人比自己更美时，也可以问问自己：她带给了我什么样的启发？我能从她身上学习到什么？我还可以如何提升与改善自己？

当我们把所有对别人美的攀比、诋毁和指指点点，都转化为对"更好自我"的追求时，生活就会增加很多善意和美好。

| 今日金句 | 我们作为女人，要团结，共同向更好的方向前进。 |

67 不想做年轻的"老"女人，请收回这三句话

有这样两类女性，一类观念陈旧，张嘴就是家长里短；另一类思路清晰，总是不断探索，我猜你一定想做后者。在平时，你一定要收回三句话。

第一句："我做不了。"我们一路走来都养成了一套固定的模式，所以一遇到状况就容易推脱，要想挑战未知，就把这句话忘了，去勇敢尝试。

第二句："我不知道。"我们会遇到很多不曾接触的知识、技能。谁放弃学习，谁就开始变老了。

第三句："就这样吧。"有的人结婚生子，工作稳定，觉得一眼就能看到未来，不再愿意改变，这么想的人，心态上就先老了。要意识到人生有无限可能，应该积极争取。

不纠结于年龄，不执着于过往的经验，随时准备好接受新事物，这才是我们应有的人生态度。

| 今日金句 | 做自己，是对"年龄"最深刻的反叛。 |

68 想让工作、生活更如意，不妨"迟钝"一点

如果你被人训斥之后，情绪低落，状态很差，这是因为你把这些话都听到心里去了。

《钝感力》这本书中有个故事，作者渡边淳一当过多年的整形外科医生，刚去医院实习的时候，他遇到一个很爱训斥人的主任，经常把"手脚太慢""你的眼睛往哪看呢"之类的话挂在嘴边。

有位同事每次都只回答两个字："是，是。"不管主任训斥什么，他的回答永远是这个，所以他即使被训斥也不会受影响。后来，他成了医疗部最出色的外科医生。

在噪音面前保持"钝感力"，可以让我们免受很多伤害。

看到刺眼的朋友圈留言、聊天信息，就跳过不看；听到同事在吐槽上司，就走到一边，这样，自己的状态就不会受影响。

| 今日金句 | 当你什么都不在意时，美丽的一切才慢慢浮现。 |

69 打造理想人生，你最需要掌握这个思维方式

你一定听过互联网中的"产品思维"，如果把"产品思维"放入生活中，你会发现，我们的人生，就是我们自己正在打造的一个独一无二的产品。

面对我们的人生，我们先进行产品定位：我想成为什么样的人？我对人生的愿景和追求是什么？

之后就是通过计划、学习、行动来提升自己的价值，满足人生的需求定位。

拥有"产品思维"的人，会把人生中的每一次实践都看成一次产品实验。

例如，当你去旅行时，如果以"产品思维"看世界，你可以在旅行前做好功课，在旅行中深刻感受当地的人文地貌，在旅行结束后分享照片、游记，从而建立自己旅行达人的身份。

这时候的你，是站在一个更高的视角来审视自己的，所以能够看得更远，走得更远。

| 今日金句 | 人人都是产品经理，而人生是我们最宏大的杰作。 |

70 用这个法则构建你的成长路径

面对扑面而来的信息，有一个厘清思路的万能模式，就是"黄金圈"法则。

"黄金圈"法则把思考和认识问题的方式分为三个圈层，从里到外依次是为什么（Why）、怎么做（How）、做什么（What）。

例如，给你个演讲题目——"最好的生活，是随遇而安"，用"黄金圈"法则思考就是：

什么是"随遇而安"？

我们为什么要选择"随遇而安"？

我们又该如何在生活中做到"随遇而安"？

你看，结构就出来了，这种思维模式也可以应用到我们生活的方方面面。在很多时候，我们面对一个问题，也许根本没有任何思路，但是，如果你开启了这个思维模式，你就能很快找到思考的重点，然后进入一个积极思考的状态，从而更容易抓住问题的本质。

| 今日金句 | 不要给生命增加时间，而要给时间赋予生命。 |

71 帮你修炼优雅与美感的方法

很多人都喜欢背大包,因为能装下电脑和文件,方便及时应对各种局面。但又大又重的包,并不能带来便利,反而限制了我们的自由。包包越大,担子也越重,背包的人,背负了操心和劳碌。相比之下,小包则代表了轻松。一个人能背负的重量是有限的,必须要有所选择。

这种"小包哲学",也可以用在我们的生活和工作中。

举个例子:

我们要做的事情分两种,一种是"只有自己能做的",另一种是"别人也可以做的",分清这两种事情,能让自己在家庭、生活和工作中避免过度操劳。只把自己能做的事情放到"人生的小包"里,集中精力去做应该做的事,你会发现,你要做的事情真的没那么多。

如果朝着这个方向努力,你会发现,轻装上路更潇洒,也更容易收获机遇。

| 今日金句 | 巨大的变化,都是从微小的改变开始的。 |

72 容忍一点小混乱，才能提升幸福度

日本妇产科医生吉田惠波有本书叫《吉田医生哈佛求学记》，书里写了她只花了半年的时间完成从申请入学到被哈佛大学录取的全过程。

更让人佩服的是，她是带着三个小女儿踏上了前往美国的求学之路的，她还在读书期间，生了第4个、第5个孩子，还拿到了哈佛大学的学位。

她分享了很多小窍门，其中有一点，她认为：为了大目标，必须容忍一点小混乱。例如，只要天气不热，不需要每天都洗澡，把每天洗澡的几十分钟节约出来可以多看一会儿书。因为她特别清楚，现阶段对她来说，什么才是最重要的。

生活中，有些事情是可以妥协的，我们完全可以容忍一些无伤大雅的小混乱，毕竟职场妈妈需要把更多的时间花在重要的事情上，不是吗？

> **今日金句** | 放过自己，完美会一成不变，而鲜活的日子，都不完美。

73 什么样的女人总能遇到肯拉自己一把的男人

虽说我们要独立,要坚强,但很多男人有侠骨柔情,也愿意为你遮风挡雨,为什么不向他们求助呢?有三种女性特别容易获得异性的帮助。

一是赏心悦目的女人。这不是花枝招展,她们看上去舒服得体,不仅在男人眼里特别有魅力,也不至于招来同性的嫉妒。

二是突然示弱的女强人。平常看起来果断、坚强的女性,如果有一天突然声音低八度,弱弱地请异性帮个忙,会让男人网开一面。

三是有距离感和神秘感的女人。她们绝不谈论是非,在异性眼中由于距离而提升了好感,如果她们开口求助,被接纳的可能性很高。

有办法让男人愿意拉自己一把,是女人的"聪明",聪明女人,受得起帮助,也帮得了别人。

| 今日金句 | 在美丽和得体之间,选择得体;在得体的基础上,保持美丽。 |

74 优雅的气场来自哪里

具备优雅气场的女性，最显著的特征，就是她们的情绪非常平稳，姿态好看。这里的姿态，不仅指外表，更包括在不同境遇中始终保持内心平和，做出稳妥的选择。

怎样才能"姿态好看"呢？

第一，消除心里的执念。谁都不可能总是一帆风顺的，谁都会遇到麻烦事，以平常心面对，才能在困境中保持积极、健康的心态。

第二，学会体验生活的不同层面。发现生活中的乐趣，既能感知热闹开心，也能平静面对琐事，既能在群体中发现快乐，也能保持独处的清醒。

第三，适当糊涂一点、迟钝一点。大事、小事不必计较，别老想着自己是不是被人占了便宜，不用把任何事都看得透彻见底。

沉得住气，弯得下腰，也抬得起头，始终保持情绪的稳定，这才是最可贵的品质。

> 今日金句 ｜ 优雅，是女人永不掉落的皇冠。

75 不要让一切留在"未来之岛"

很多人一直在假想生命的旅程没有尽头，一直在做计划，想着有一天能成就一番伟大的事业，把自己的梦想和目标都寄托在一个虚幻的"海岛"上。

事实上，一直假装自己不会死去，会妨碍你享受生命的乐趣，就像一名足球运动员认为比赛永远不会结束，那他的斗志也会松懈下来，整场比赛也就会变得索然无味。意识不到死亡，也就不会明白生命的可贵之处。

如果你遇到了纠结的事情，不妨问自己这些问题：

如果明天就要死了，你会怎么做？

如果下个月你就要死了，你会怎么做？

如果明年你就要死了，你会怎么做？

如果只有 10 年的寿命了，你会怎么做？

这样，要做的事情，就会渐渐清晰了。

我们无须等到死神来敲门才去做真正想做的事，我们随时可创造自己的生活。

| 今日金句 | 死亡远比生命更令人激动。 |

76 优秀的女人，都会优先选择这样东西

学习、工作、恋爱、事业、家庭，到底应该如何排个先后顺序？优秀女人的答案是：自己永远优先于男人和家庭。

这听上去特别自私，但你想想看，如果在婚姻里，永远优先的是男人和家庭，那么为你带来的负能量，会投射到这个家庭，产生负面影响。你在这一刻忍住的牺牲感，一定会在某些时刻爆发。与其这样，为什么不先做好自己呢？

如果除去老公和孩子，你的生活依然是一个相对完整的生活，经济独立、精神独立，你才拥有了你自己的那个1，那么你才有可能和你的老公、孩子配合起来，拥有后面更多的0。

只有从一开始就确认好了优先级，你才会越来越踏实，不把希望寄托在别人身上，才有可能拥有满意的人生。

| 今日金句 | 聪明女孩忙着瓜分世界，笨女孩以为男人手里还有世界。 |

77 这样提升格局，让你更接近成功

我们内心的广度，决定了我们视野的宽度。给你分享一个提升格局的思维方式：抓大放小。我们要学会"放大自我信念"和"忽略细枝末节"。

当新的挑战摆在面前时，害怕失败的人会想：我准备得还不够周全，我的能力搞不定这件事，然后心安理得地放弃机会。

懂得放大信念的人却会想：这件事我一定要成功，自己做不到的部分也一定要想办法。这时你就很可能发现你的能量超乎你的想象。

除了"抓大"，还要"放小"，大部分争执都源于一些微不足道的小事，如因为跟同事拌嘴，就消极怠工，结果耽误工作被解雇。

我们在行动前应该好好想一想"什么更重要"，当我们学会忽视那些微不足道的细枝末节时，事业成功的概率和生活的幸福感也会大大提升。

| 今日金句 | 一个人相信什么，就会得到什么。 |

78 如何提高"单身"的价值

"单身"并非未婚者的专利,无论你的年龄大小、生活状况如何,每天都最好给自己安排一些独处的时间,让自己享受"单身"时刻。

就连典型外向型人格的比尔·克林顿都承认,在他当总统期间,"每天都要安排几小时独处,进行思考、反省、计划,或者什么也不做"。

仅仅 15 分钟没有电子设备和社交互动的独处,也能舒缓我们的情绪,减轻愤怒和焦虑,让我们变得更加随和。

所以,请每天务必腾出一点"属于自己的时间"吧。

如果条件不允许有太多属于自己的时间,每天预留 5 分钟给自己也好,这 5 分钟可以用来冥想、做做舒展运动、为自己泡一杯热咖啡……

"单身"的时间,可以让我们从忙碌的生活中获得休息,加满能量,全力出发。

| 今日金句 | 一个人独处的时间,决定了他内在宇宙的广阔度。

79 花 1 分钟，善待自己

很多时候，我们的坏情绪来自对别人错误的期待，我们当然不能固执地要求别人总是为我们着想，首先要做的应该是善待自己。你希望别人怎么对待你，你就怎么对待自己，一切才能好起来。

当你情绪低落时，与其埋怨朋友不来安慰你，不如花 1 分钟，进行自我安慰。怎么做呢？

举个例子：

当你忙碌了一天回到家时，希望家人对你好一点，结果他们不理睬你，你可能会伤心或生气。但换种做法，你可以用 1 分钟深呼吸，调整自己的情绪，不要板着脸，对自己好一点，对家人热情一点，这样家人也会热情起来。

在状态不好时，学会用 1 分钟来思考、调整情绪，只有懂得善待自己，才会被别人善待，被生活善待。对待自己，要像对待生活里的其他事情一样用心。

| 今日金句 | 爱自己，是你一往无前的真正底气。 |

80 给你的快乐养成术

我们都知道，要想保持好身材，就得坚持锻炼。可是除了身体，我们的大脑也需要锻炼，如果你想感受快乐，拥有能对幸福高感知的大脑，不训练是不行的。

今天就给你分享一个"十句法"，句是语句的句，方法很简单，就是找出 10 件困扰你的事情，用正向思维把它们全部重新描述一遍。这个方法是有科学依据的，你描述的内容越具体，大脑建立相关神经元联结的速度就越快，会形成全新的思维模式。

举个例子：

例如，你一直不敢开车，就可以这样写："我喜欢开车兜风的感觉。"你觉得自己的身材不好，就写："我很健康，我很欣赏我自己。"如果你在每天睡觉前做这个练习，效果会更好。

在我们坚持一段时间以后，焦虑、恐惧、不安的感觉就会消失，试试看吧！

| 今日金句 | 快乐的一切条件，都在你的心里。 |

81 建造独一无二的"女人屋",滋养自己

当一个女人离开职场,离开她"战斗"的"战场"时,她就要忘掉那个身份,而回归纯粹的女性身份,这样才能滋养自己。

建议你在家里搭建一个"女人屋",当然这只是一个比喻,不是真的要你准备一个房间,它就是一个提醒你是一个美好的女人的空间。如果你有浴缸,你爱泡澡,那就在浴缸建造你的"女人屋",摆上你喜欢的香薰精油、蜡烛、松软的浴巾,好好享受。

只要你身处"女人屋",你就是放松的,不着急去做什么,更不需要去成就什么丰功伟绩。

回到家,先换衣服,洗手洗脸,让自己清爽一下,在"女人屋"里先好好安顿自己。然后,再去跟老公、孩子相处。当你真的是放松的状态时,与家人相处的质量一定会很高。

| 今日金句 | 女人活得既"美"又"爱",才是女神。 |

82 干掉嫉妒心，甩掉烦恼

我们常说的"羡慕嫉妒恨"，实际上是三种不同程度的情绪。羡慕是向往美好；嫉妒是想得到却又得不到的不甘；如果嫉妒没有转瞬即逝，而是更进一步，就变成了恨。

怀着嫉妒心的人很难集中精力去思考如何获得自己的成功，而是花很多时间去盯着别人。嫉妒心会逐渐让人失去初心，失去自我。

内心强大的人不会被嫉妒套牢，方法就是：定义属于自己的成功。

试着回答下面的问题，找找自己对成功的定义：

生活中取得的最大成就是什么？

与金钱、家庭、贡献有关吗？

要怎样做才能达成目标？

生活中哪些回忆对你来说最重要？

写出你的答案，定义自己独一无二的成功，而不是盲目嫉妒别人。它将是大海中的灯塔，指引你驶向幸福的彼岸。

| 今日金句 | 真正的自信，往往是从放下了比较开始的。 |

83 如何更加理性地应对失败

大多数人都觉得自己很聪明，相信自己可以做出正确的判断。一旦发现自己是错的，就会倾向于自我欺骗，找一箩筐的借口掩盖自己的错误，或者挽回面子。怎样才能破解这种心理呢？

我们可以在行动之初就让自己意识到，"我的判断不一定正确，我做的事可能会失败"。例如，默念下面的句子：

"我想成为音乐家，就必须先演奏很多首难听的曲子。"

"我想成为网球大师，就必须先输掉很多场比赛。"

"我想成为职场高手，就必须先做很多简单重复的工作，甚至犯低级错误。"

一开始把自己的认知放在比较低的位置，就容易让自己承认最初的判断是错误的，从而避免认知失调的发生，坦然接受自己的失败，继续朝前走。

| 今日金句 | 如果你不是经常遇到挫折，就表明你做的事情没有很大的创新性。 |

84 别让情绪拉低你的生活层次

如果情绪有甜度的话,当我们情绪不好时,就变成了苦。所以情绪低落的时候,要想办法让自己从内到外都"甜"起来。

给你分享一个变"甜"的方法:从喜欢的事情开始做,会让心情变好。

例如,孩子喜欢吃香肠,不爱吃蔬菜,家长常用的战术是"吃了蔬菜就可以吃香肠",但这并不会改变孩子对蔬菜的厌恶。如果反过来,让孩子从最喜欢的食物开始吃起,孩子就会吃得津津有味,会把蔬菜也吃了。

从喜欢的事开始做,可以让人们以更好的心情和状态迎接挑战。平时我们做事也是这个道理,事情没进展,情绪陷入低谷时,不妨对应该做的工作进行优先排序,从喜欢的事情做起,就能愉悦而有效地推进工作。

当我们闷闷不乐时,记得要让自己"甜"起来。

> **今日金句** | 女人要做一块方糖,把苦咖啡变甜,把世界变甜。

85 1个调解术，赶走坏情绪、收获好运气

今天来分享能够覆盖坏情绪的小技巧。

当我们有新的经历时，大脑会将此前的内容覆盖。所以情绪在一天之中不会固定不变，而是有起伏的。也就是说，不愉快的事情，被新的信息覆盖之后，就会被淡忘。

但是，我们还是时常遇到难以忘怀的负面事件，这是因为坏事更容易被想起，要想开心起来，就要妥善覆盖不好的记忆，让它难以被大脑提取。

最简单的方法是准备几个小的待办事项，并逐个做完。如扫地、洗澡、泡咖啡、做50个仰卧起坐等。找一连串容易做的事情做，心情真的会好转起来。

生活和工作节奏越来越快，出现坏情绪很正常，关键在于确保自己不被坏情绪所左右，不开心时，记得做一系列小事，覆盖你的坏情绪。

| 今日金句 | 你怎么样，你的世界就会怎么样。 |

86 快乐是一种习惯，你可以这样养成

说到锻炼身体，大家肯定不陌生，其实我们的心理，也可以锻炼。

有位推销员，一直为自己的鼻子大而苦恼，时常觉得客户在嘲笑他。于是他试着给自己的思想来了个"大手术"。他花了 21 天，每天告诉自己，"是我想太多了，客户不会觉得我的鼻子大，不会嘲笑我"，然后把想法都集中在那些快乐的事情上，如跟客户愉快的合作等。21 天后，他不仅自我感觉好了很多，而且销售业绩稳步上升。

你也可以效仿这位推销员，一次自我暗示不管用，没关系，暗示 100 次试试。像锻炼身体一样锻炼心理，就可以极大地改变自己的生活。

快乐是一种可以培养和形成的心理习惯，学会把那些阻碍快乐的想法清除，并不断练习，就可以捕捉更多快乐。

| 今日金句 | 下决心要得到快乐，你就离快乐不远了。 |

87 休息都不会，谈什么奋斗

我们努力奋斗的目的，是让自己在未来有钱、有闲，但讽刺的是，很多人却是在用当下的忙碌来透支未来的精力。

人生毕竟是一场长跑，没有可持续性的努力，到头来都是白搭。科学的休息和持续的奋斗，需要相互配合。

平时工作的间隙你会干什么？相信很多人就是给自己倒杯咖啡，然后玩手机。可是，这会让我们变得更累。我们休息的目的，其实是为了重新恢复体力和脑力，上网读新闻、刷朋友圈都会极大地消耗我们的注意力、意志力。

最好的休息是你什么都不干，做做白日梦，伸展一下身体或者找人聊聊天，这才会让我们的大脑得到充分休息，以便更好地应对接下来的工作。

真正的高手，总是会时刻关注自己的状态，该休息的时候科学休息。

| 今日金句 | 持续的高效率=刻意练习+刻意休息 |

88 自律，不是消耗，而是滋养

一谈到自律，好多人开始犯怵，感觉自律就意味着从此再也不能偷懒了。其实自律没那么难，只要把自己调整到一个比较好的状态就可以了。不要威胁自己，真正的改变，从顺从自己和激励自己开始。

例如：

别想着自己喝可乐会胖3斤，而是想着喝茶水会让人更轻盈。

不要警告自己熬夜会猝死，想想如果早睡明天早上醒来皮肤状态会更好。

不想着玩游戏就是耽搁正事，试着想象把事情做完了没有心理负担的轻松。

罗马不是一天建成的，坏习惯不是一天养成的，改变也不是一天就能够完成的。重要的是，我们一直在变好。

有边界地宠爱自己，放松享受；宠爱自己过了头，也不要自责和威胁自己，要给自己耐心，去建立新的好习惯。

| 今日金句 | 只要你真的爱上自己，就肯定会遇见让自己满意的自己。 |

89 如何对待来自同伴的压力

当我们得知同一个圈子里的朋友过得更好时，除了祝福，也会有无形的紧迫感，这就是"同伴压力"。

例如，你的考核排在全公司第二位，可是和你关系要好的同事排第一位，那么，即便你的成绩已经很好了，你还是会很失望。

给你分享的应对方法是：拓宽自己的价值感来源。

就像作家村上春树，有人说他的文字带着些许骄傲，这是因为他开的酒吧保证了物质层面的需要，而他还爱好跑步和旅行，有一位挚爱的妻子。所以尽管他陪跑诺贝尔奖多年，他依然能旷达地说出"诺贝尔奖不重要，读者才是重要的"。

如果一个人的价值感来源于多个渠道，即便在一个领域内被人超越，也依然可以从其他的途径获得满足。

没有匮乏感的人，就能用平常心来面对"同伴压力"。

| 今日金句 | 月亮总是别处的圆，但机会就在你脚下。 |

90 让你正能量爆棚的秘诀

生活的10%是由发生在你身上的事情组成的,而另外的90%则是由你对事情做出的反应所决定的。

所以我们需要正确管理情绪,而不抱怨、少抱怨则是健康管理情绪的方法之一。据统计,一个人平均每天抱怨 15~30 次,但很多人并没有意识到这一点。

我们该如何最大限度地避免抱怨呢?"集中处理"的技巧可以帮到你。

集中处理,也就是将某一天或者一天中的某个时间设置为"不爽日",只在这个时间段抱怨。还可以找一个"发泄专属地",有意识地训练自己遇事冷静、集中处理负能量的习惯。

不喜欢一件事,就去改变它。如果无法改变,就改变自己的态度。受够了贫穷,就努力赚钱。实在不想折腾,那就试着说服自己要知足常乐,有什么好抱怨的呢?

> **今日金句** | 每一次抱怨,都是在对生命里不想要的东西做出肯定。

91 每天早晨醒来，都要有所期待

在这个世界上，大到生存，小到完成一项工作任务，很多成功都是自我激励的结果。自我激励不是简单地给自己加油，而是一种有具体方法的心理技巧。

今天就给你分享一个小技巧——每天早上醒来时，都要有所期待。

有所期待就是在脑海中勾勒一个成功的自我，然后按照那种形象生活，就像美梦已经成真。

举个例子：

你可以想象升职加薪成为公司的领导层，有自己独立的办公室，每天开车上下班，再也不用挤公交车和地铁。你要保证脑海里时刻都有一个画面，生活中时刻都有一种渴求，这样可以刺激你更努力地工作、生活。

掌握自我激励的方法，可以让你在面对困难时产生积极向上的动力，帮助你实现目标。在这个过程中，你会发现人生有无限可能。

| 今日金句 | 我喜欢，我创造，我行动，我负责，我享受。 |

92 一份"人生清单"可以激励整个人生

我们总是习惯从名人名言中汲取前进的动力,可是最强大的动力,来自你自己写下的东西。列清单就是一个很重要的方法。

人们通常会认为清单上列举的都是些微不足道的小事,但恰恰相反,清单有让你美梦成真的神奇力量。

列一张正能量清单,写下你能想到的所有积极、乐观的事情和自己引以为豪的性格,每当情绪低落的时候,就拿出来读一读。

列一张目标清单,如当你要与人会面时,把想要达到的目的写出来,你的目标感会更强烈。

列出朋友清单,写出你希望保持联系的亲密朋友。

从现在开始,把你希望做的所有事情列一份清单,把它放在触手可及的地方,随时查阅,不断完善。你写下的事情越多,你对未来的掌控力就越强。

> **今日金句** | 每一件发生在我身上的事,都指向一个更广大的计划。

93 每周主动为你的梦想做两件事

我们总是觉得梦想遥不可及,却从不问问自己可以做些什么。

阻碍我们实现梦想、创造财富的最大问题,是我们不愿意认识到自己可以制造机会,只是坐等好运降临,但那是不可能的,没有机会会平白无故砸中你。

不要因梦想过大而不敢向前迈进,每周主动去做两件事情,仅此而已。

如果你也想站在台上大大方方地演讲,不如就从这周开始,先找个主题,列个提纲,下周再研究个适合自己的造型,一步步地去实现。

颜值和家境确实是天生的加持,但对人生的掌控却是后天的训练。

每周主动做两件事情,会把你的理想从遥远的未来转移到现在。每周做两件事,一年就是一百件,如果你一年能为一个目标做一百件事情,那它还有什么理由无法实现呢?

| 今日金句 | 浅薄的人信运气,坚强的人信因果。 |

94 1分钟人生规划法

相信吗，只要你花1分钟，你就可以创造出自己的小宇宙。方法就是画四个圆圈：

第一个圆圈是"一生的梦想"，第二个圆圈是"今年的计划"，第三个圆圈是"当月的计划"，第四个圆圈是"今天的计划"。

举个例子：

假设你的目标是存下100万元，就在"一生的梦想"的圆圈里写下100万元，然后可以推出，为了实现这个目标，在一年里需要存多少钱，每个月需要存多少钱，为了确保实现存款目标，今天你需要做什么。

当然，这个目标也可以是健身、学外语、构建人际关系等任何你觉得重要的事情。

如果你每天的目标都能实现，那么每月的目标自然而然也能实现，年度目标的实现也是水到渠成的事情，那你一生的终极目标就没有理由不成为现实。

| 今日金句 | 偏转一下你的航向，逆风就变成顺风。 |

95 你的梦想是最好的存钱罐

我们小时候看过的童话故事里，有一只会下金蛋的鹅。其实我们的财产也会"下金蛋"。"鹅"是我们的本钱，"金蛋"就是本钱的利息。我们在花钱的同时，还要想办法养大我们的"鹅"，让它生下源源不断的"金蛋"。

很多人都有理财的意识，但却苦于无钱理财，也就是没有自己的"鹅"。不如从现在开始，把你的每一笔收入分为三个部分：金鹅账户、梦想基金、日常消费。每一笔收入都要这样分配，并且绝对不动用金鹅账户。

然后就可以开始让"鹅"为你"下金蛋"了。不一定非要存银行，定投基金、国债、各种"宝"（如支付宝）也是不错的选择。当然，随着理财知识的增加，收入分配比例可以调整，投资方式也可以更多样化，"鹅"下的"金蛋"也会越来越大，你的梦想基金就不愁了。

| 今日金句 | 命运就是这样，当更好的思想注入其中时，它便光明起来。|

96 越花钱、越有钱的方法

多花钱好，还是少花钱好？当然浪费肯定是不好的，但如果太节约，就会限制人生的很多可能，不节约不等于奢侈浪费。

今天给你分享一个让你越花钱、越有钱的思路：分清投资和消费。

所谓投资，就是我们所购买的东西在未来能产生价值，我们是在花钱买一个未来；消费，就是花钱换取当下的价值，之后就不会再产生新的价值。例如，你花钱去健身房请私教，未来的好身材和健康，就是投资；你花钱买了一大堆新品零食，就是消费。

生活中那些不必要的花费，可以大胆砍掉，但是只要是对自己有价值的东西，就不要顾虑钱，不要妄自菲薄，怕自己配不上。

以后花钱的时候多想一想，把更多的钱花在投资自己的未来上。

| 今日金句 | 贫穷不会使你高尚，因为你的使命需要金钱来协助。 |

97 大胆去体验你想过的生活

你如果不知道过上高品质的生活是什么感觉,你可能永远也不会创造出你想要的富足生活。

时不时地买高品质的东西,时不时地给自己一些奖励,当然不是要你每天都这么过,或是负债。但这些经历本身都很值得去体验一把。

你会知道,得到想要的东西是什么感觉,并让焦虑得到释放。

你可以直接体验高品质的产品是如何制造、如何营销、如何服务的,如果你能熟悉这一点,它们就不再神秘,你自己也可以创造出财富。

| 今日金句 | 享受赚钱,享受花钱,享受丰盛与喜悦,是你的使命之一。 |

98 羡慕别人有一亿元，不如自己踏实去挣一千元

我们的一天由一件一件小事组成，工作、约会、家庭、聚会、健身、美容、逛街、网购、看偶像剧等，这些小事分割着我们的精力，造就了这个时代忙碌的女人。

如果我们把大量精力花在娱乐上，这并没有什么不对，但这样的话，你挣到钱的可能性就注定很低。

我们在哪里花了时间，就会得到相应的回馈。例如，每天健身两小时，就能拥有令人羡慕的好身材；每天读书两小时，就会拥有丰富学识的心灵；每天专注研究挣钱两小时，你银行卡里的数字肯定会慢慢增长。

喜欢包就挣钱去买，不要总看着橱窗眼馋，面对别人的财富别嫉妒，去琢磨琢磨别人的长处。

与其议论别人挣了一亿元，不如自己踏实去挣一千元。

不仅挣钱如此，所有的事情都是这样的。

| 今日金句 | 废话越少，挣钱越多。 |

99 富豪们都有这个雷打不动的习惯

有一本书叫《富有的习惯》，作者研究了 177 位富豪，发现他们共有的一个雷打不动的习惯：每天坚持自学。

88%的富豪每天都会花上至少 30 分钟自学。无论是在上下班途中听与教育有关的有声书或播客，还是下班后参加各种聚会沙龙。他们都会主动获取知识，坚持与时俱进。

58%的富豪喜欢阅读名人传记，从传奇人物身上吸取人生经验，了解他们从白手起家到家财万贯的历程；55%的富豪阅读励志或个人成长类书籍，他们通过找到里面的方法论，提升自己的生活和事业；还有 51%的富豪喜欢阅读历史书，历史书呈现了个人、集体或国家的变化，能帮我们辨明未来的发展方向。

希望你也能养成这个能让你富有的习惯，你会看到自己身上的美好变化。

| 今日金句 | 过去属于死神，未来属于你自己。 |

100 如何让自己成为被金钱喜欢的人

金钱能为我们换来生活的必需品，能用来提升自己，也能帮助我们实现梦想，对于我们来说，金钱应该是朋友。

正确的金钱观越早养成，对你的生活就越有利。如何让自己成为被金钱喜欢的人？给你分享一个方法：把自己当成一家公司来经营。

这样想会有什么变化呢？举个例子：当你认为金钱是自己的时，如果在商场里买衣服，就很容易去买那些暂时穿不到的新款，或是趁打折，买一些多余的东西。但如果是公司的金钱，你就会有预算意识了，多花的金钱如果不是必需的，就相当于"盗用公款"。

金钱对女人来说格外重要，希望你能改善自己的金钱观，不再为金钱烦恼，让自己和家人过上梦想中舒适、有尊严的生活，掌控自己的人生。

> **今日金句** | 你觉得"想要赚钱，就不能追寻梦想"，所以你才会这么穷。

第二辑
高情商沟通

·脱单实战　·恋爱情商
·婚姻生活　·人际交往
·家庭关系

01 想脱单？你得了解这个小秘密

俊男靓女最能吸引异性目光，这是不争的事实，可是，自己脱不了单，却怪长相，这就太消极了。其实只要掌握一个吸引异性的秘密因素——曝光，外表好不好就真不是最重要的了。

道理很简单，想想我们买东西的时候，是不是总会不假思索地选择常出现在广告里的那款？这就是所谓的"曝光效应"，也就是熟悉产生喜欢。

如果你喜欢一个人，最有效的方式就是增加你的曝光率，频繁出现在他的生活里。

比如，你可以请心仪的男神帮忙解决一些小问题，然后答谢他，再请他帮忙……把自己融入对方的生活中，也别忘了充分展示自己的热情、学识，增加相互吸引的机会。

如果你还单身，别干等着啦，赶快去你喜欢的人面前多多曝光。

| 今日金句 | 如果你希望被别人爱，那你就去爱别人吧！ |

02 如何搞定心仪的男神？教你一个妙招

第一次见到对方的那一瞬间极为重要，因为这时，男神的潜意识里会做一个"去或留"的决定。所以，如果你想成为一个成功的爱情猎手，就必须技巧娴熟，初次见面就要射中靶心。

但在中国的传统文化里，女孩子觉得自己得是矜持的淑女，搭讪得男人来发起，但事实是，大约 2/3 的浪漫邂逅是由女性发起的，那么我们又该怎样主动发起进攻呢？

研究表明，在聚会上，有两个动作最可能吸引男神走过来与你搭讪，分别是"明确地朝他微笑"和"飞速看他一眼"。

所以姐妹们，有了意中人的时候，可千万别犹豫害羞，大胆微笑或向对方投去温柔的目光，这就等于拿着一支装满爱的注射器，直接打进男神的心里。

| 今日金句 | 爱应该主动吸引，无须祈求和索要。 |

03 想引起男生注意，超简单！

"他到底知不知道我喜欢他啊？"恋爱中的女孩总是有点儿傻，幻想着什么都不做就能把自己的想法传达给对方。可傻等着怎么行，重要的是如何让自己在众多女生中脱颖而出，引起男生的注意，才是发展感情的第一步。

与其坐以待毙，不如来场"恶作剧"。这个套路男生从小就会，想想小学里那些小男生，表达对小女生的喜欢之情的重要途径就是做些欺负她的事，这一招我们也可以学习。

在一些非原则性的事情上，你可以做些让男生小抓狂的事。例如，在收快递时，把男生的快递也代收了，然后以此为"条件"让他请吃饭；或是等公交车或地铁的时候故意吓他一跳。

想要在感情上有所收获，就要主动出击，对于相对被动的女生来说这点更加重要。

| 今日金句 | 当你张开了爱的翅膀时，就不会再需要梯子。|

04 单身的气质，都隐藏在你的习惯中

你是不是总给单身找理由："我一个人很好啊""结婚会拉低我的生活质量"。习惯单身的人，总是喜欢把自己的选择合理化，却从不审视自己的恋爱习惯。

如果你真的想脱单的话，给你的小建议是——不妨多畅想一下婚姻生活。

比如，你想要组建一个怎样的家庭，将来如何与对方的父母相处，婚后的职业规划，在哪里买房等。

为什么要想这些呢？因为对婚后生活没有思考的人，面对恋爱、婚姻都会非常紧张，不知不觉中就容易放弃。如果能从一开始就想明白婚后生活，这样的人更容易收获幸福。

你需要做的是审视自己的恋爱习惯，改善自己的思维，努力追寻幸福。

> **今日金句** | 爱的烦恼，不是对象问题，而是能力问题。

05 与有好感的异性搭话的"播种法"

当我们邂逅有好感的异性时,该怎样展开闲谈,以便有后续的发展呢?第一步当然是你得主动说话,不要自我设限,想一些"看他的样子,应该不会喜欢我这个类型的吧"之类的事。只要对方是单身,也在寻找自己的有缘人,为什么要放弃这个与他结识的机会呢?

大胆上去打个招呼,闲聊几句,一旦你挖掘到他的兴趣点,马上进行"播种",为再次联络留下线索。

怎么"播种"呢?

如果对方说喜欢听周杰伦的歌,你就可以说:"我也很喜欢他,我在媒体公司有朋友,有时可以要到演唱会友情入场券。"

如果对方真的让你动心了,那你就买两张票,下次约会的机会不就有了吗?

大胆一点,多结识异性总是好的。

| 今日金句 | 为了产生可能,必须一再尝试不可能。 |

06 男神说"咱俩不合适",该怎么回复

女生也会碰到被发"好人卡"的时候,如果你鼓起勇气表白了,他却对你说:"你是个好女孩,一定会找到比我更好的。"你该怎么办?

这时,通常有两种表达方式,一种是高冷地说:"以后我不会再打扰你了。"还有一种是再争取一下,说:"不,在我心中你就是最好的!"其实,这两种表达方式都不对。

那应该怎么表达呢?正确的方法是什么都不说。他不喜欢你,不是因为你不好。首先你要沉住气,因为这时他已经对你有了偏见,你何必自讨苦吃呢?

然后,不要沉浸在被人拒绝的情绪里,找到原因才能改变现状。如果你做到这点,能不能改变他对你的印象已经是次要的了,关键是你自己通过了这个考验。

> **今日金句** | 做好自己的事情,是被别人喜欢的前提。

07 慢热型的姑娘，未必会输在爱情起跑线上

那些不是特别漂亮，又不太会来事的姑娘，总觉得自己会在恋爱中吃亏，其实，你需要做的是找到自己的差异化优势。

不管你的先天优势如何，最重要的是你要了解自己，找到自己独特的优点，把它作为自己的核心竞争力发扬光大。

举个例子：

A小姐很有内涵，善解人意，但她不善言辞，也不算是美女。于是她在相亲的时候定了一个原则：先在微信上与对方聊天，等熟悉之后再见面。

加了男生微信后，A小姐每天都会问候他，聊聊共同的兴趣。一段时间后，男生主动约她见面，结果两个人非常合拍，一年后就结了婚。

慢热，只不过是没有夺人眼球的先机。表面的慢半拍，反而意味着你能有更多时间了解自己和对方，这正是慢热型姑娘的优势。

| 今日金句 | 恋爱是瞬间的感动，婚姻却是未来的长情。 |

08 这都不知道，你还想脱单

今天给你分享一个博得意中人青睐的小技巧——对视。

科学家曾把恋爱中的人的大脑放到脑电波扫描仪下检测，结果发现了让情感更浓烈的物质——苯乙胺，它进入血液循环后，会让人极其兴奋。而这一切都是从对视开始的。

研究表明，在交谈中，人们注视对方的时间平均占交谈时间的 30%～60%，这远远不足以触发感情。为了让你的意中人早点被你"撩到"，给你的小建议是：把目光接触占比提高到你们交谈时长的 75%以上。这能让你们彼此锁定对方，产生一种暧昧氛围，增加苯乙胺的分泌。

在对视之余，多关注他脸上最吸引人的地方，这样你的瞳孔会因受到刺激而自动放大，你的眼睛就变成了"电眼"。

学会了这招，你就可以尽情释放自己的"电量"，用"电眼"传达你的爱意。

| 今日金句 | 当你开始上路时，路就会出现。 |

09 约心仪的男生出去，怎样才能成功

今天和你分享一个小技巧，让你通过聊天的方式解决脱单的焦虑。

这个技巧叫作"默认成交"，也就是说，别总是问"你在干什么""要不要一起出去"之类的问题，不要让他选择出门还是不出门，干脆直接提供两个可以出门的选项给他。

举个例子：

你问他"今天天气真好，你有什么打算呢？"如果他说："我还没想好。"这时，你的机会就来了，赶快抛出选择："我记得你上次和我说待在家里很无聊，想出去活动活动，要不今天我们就去爬山或逛公园？"

这样说的话，他有很大概率就会在爬山或逛公园之间做出选择，而不会拒绝出门了。

就算灵魂再有趣，聊天的方式不对，也会让对方失去了解你的欲望，所以，可千万不要忽视了小技巧。

> 今日金句 | 拥有选择权的人生最幸福！

10 这么聊微信，活该你单身

现在，人们大部分都是通过微信聊天的。所以，如何聊天，有时候就是终身大事成败的关键。千方百计加了男神的微信，结果就因为不会聊天，让男神成了"僵尸好友"，你说可悲不可悲？

今天给你分享一个聊天必杀技：多用疑问句，少用陈述句。

比如，针对男生抛出的问题："安全到家了吗？"如果你只回复"嗯嗯"，会让男生产生一种"你在敷衍我"的无奈感，也不想再继续和你聊天了。正确的说法应该是再回问他一个问题："我刚刚进门，你呢？你到了吗？"

以反问的形式继续接下去，男生就会觉得你很关心他，于是话匣子就这样被打开了。你一句，我一句，久而久之，擦出爱情火花的概率就会大得多。

所以，别再矜持了！

> 今日金句 | 一场无悔的青春不过是"不要脸"，拼了命，尽了兴。

11 教你一招，如何用神秘感抓住他的心

在恋爱中，保守的套路是靠把自己打扮得很漂亮来吸引他，靠一味地讨好男生来抓住他的心。其实，爱情不光要保守，还要主动出击。

主动制造神秘感就是个好办法，操作起来也非常简单，只有一句话：丰富自己，做些别人做不到的事，让他看到与众不同的自己。

比如，他做不到每天早起，你做到了；他做不到坚持健身，你做到了；他问你中午吃什么，你给出"我最近在研究素食，今天我特制了夏日沙拉"这样别出心裁的答案……这些都是在制造神秘感。

总之，他不管什么时候找你，你都在做一些有意思的事情，他就会觉得你很特别。这时，你就成了他心中的"宝藏女孩"，强大的征服欲会使他想要与你交往。

| 今日金句 | 想抓住男人的心，关键不在男人身上，而是在你身上。|

12 怎样让他主动跟你表白

表白是一件需要勇气的事,有些男生天生腼腆,可能两个人已经暧昧了一段时间,但他还是迟迟不敢表白,这就让很多女生头疼不已。今天就教你一招——"借力打力",赶紧学起来吧!

所谓借力打力,就是借助你们共同朋友的力量,诱导他主动跟你表白。

比如,你可以邀请你们共同的朋友吃饭,在吃饭的时候,让朋友说一些"哎呀,你们两个人好般配啊"之类的话,趁机起哄让男生在现场向你表白。

有时,不表白是因为他不够确定,你要给他足够的暗示,告诉他,你是喜欢他的。当然,暗示的手法也不要太过直接,否则,如果男生不喜欢你,你就很尴尬了。

暧昧是推动关系的至关重要的一段时期,一定要好好把握,完成脱单大业。

> **今日金句** | 卑微到尘埃里的爱情都是骗人的,只有苦果,没有花。

13 脱单搭讪法，制造一见钟情的邂逅

你在一次短期聚会中认识了心仪的男生，如何制造一见钟情的邂逅，用话术锁定他，以方便今后二次邀约呢？

今天就给你分享一个小技巧：制造一种准备离开的紧张气氛，提出转换另一个场景，借机互留联系方式。

你可以先说"不好意思，我待会还有一个活动得参加，现在得走了。"

然后再接下面这样的句式：

"没想到能认识你这么有趣的人，留个联系方式吧，咱们以后多联系。"

"回头咱们圣诞节聚一聚吧！"

"这个东西我还是不太明白，以后有时间一起聊一聊！"

这样，他就会和你继续保持联系了。

你可千万不要担心没有面子，很多男生其实也不好意思，他正等着你主动出击呢。姑娘们，加油，没有撩不到的男神，只有不会用的技巧。

| 今日金句 | 缘分不是天注定的，而是人为的。 |

14 相亲时，如何显得你很贴心

遇到真爱的方式有千百万种，相亲恰恰是很多人最反感的一种。

无论男生女生，第一次见陌生人，都会紧张、不安、焦虑、尴尬。我们在与相亲对象第一次见面的时候，除了打扮得体，情商高低也非常关键。那么，在相亲的第一关该怎样表现呢？

初次见到他的时候，你要学会察言观色，观察他的情绪、打扮，看他是哪类人。如果你看出他特别紧张，就应该用你的关心打开他的心扉。如果你不知道怎么开启话题，可以先从情绪入手，关切地看着他，说："今天工作很累了吧？"

还要注意，你说话的总量要控制在40%左右，要让他多说话，这样相亲成功的可能性就会很高。

不要抗拒相亲，做个行动派。用真心对待每个有缘和你相识的人，也许他真的就是对的人。

| 今日金句 | 哪有什么缘分，相知都靠主动。 |

15 只用1个动作，就能让亲密关系不断升温

相爱容易相处难，没有伴侣会是完美无缺的，但我们可以动用一点小心机来增进彼此的关系，今天就给你分享一招——用笑容应对伴侣的批评。

有时伴侣会出于无心，对我们说一些带有"恶意"的话，这不是因为他不爱你了，而是因为他把你当作自己人才口无遮拦。

这时，如果你马上进行防卫，很可能会演变成争吵；如果你能保持良好的心态，就能营造出轻松愉快的氛围。

比如，在聚会上，老公批评你："你怎么这么多话"，你可别生气，试着以幽默的方式回应："没错，我一个人就能独撑大局。"如果一时想不出合适的回答，干脆一笑置之，笑容是最有效的缓冲剂。

用笑容应对批评，不为小事抓狂，你们会越来越甜蜜。

| 今日金句 | 不要皱眉，因为不知道谁会爱上你的笑容。 |

16 这 4 个字，蕴含着巨大的能量

伴侣之间，常会期待另一方的理解、鼓励、支持，因为获得认可是人类的基本情感需求。尤其是当伴侣兴奋或失落的时候，如果你理解他、认同他，他会更加信赖你。今天给你分享一个简单的句型，可以达到这样的效果，它就是——"我相信你……"

举个例子：

伴侣情绪低落的时候，我们一般会安慰他："没什么大不了的"，但这句话的疗愈效果不如"亲爱的，我相信你可以挺过难关，别放在心上了。"

同样，面对对方的喜讯，你可以说："我相信你一定付出了特别多，才有了这么大的成就！"

"我相信你"是一种无条件的互动，可以让对方产生深深的信赖感。

这句简单的话蕴含着巨大的能量，它也可以用在朋友、同事身上，值得一试。

> **今日金句** | 未来的你，一定是你今天所相信的样子。

17 一个小技巧，助你收获理想爱情

完美的人并不像想象中的那么受欢迎，他们自带光环，相处起来会给人很大的压力。如果在与人交往的过程中，披露几个自己无伤大雅的小恶习，就是在告诉对方，我们的关系又升了一级。这个技巧在恋爱中同样奏效。

举个例子：

你可以向意中人透露，自己上学时成绩很差，或者从小就有咬指甲的习惯，费了很大劲才戒掉……一般我们向对方坦白这些小毛病之后，他的反应很可能是哈哈大笑，以后会把它当成聊天中的笑料。

无伤大雅的破绽就是加分项，会大大提高亲切度。要注意，透露恶习会适得其反。

所以，先确认你与意中人的亲密程度，然后再坦白几个无关紧要的小毛病，就能快速拉近距离。

| 今日金句 | 完美人生，从接受自己的不完美开始。 |

18 该不该向伴侣坦白你的过去

有时,我们的另一半会向我们打听过去的事,比如以前谈过几次恋爱?为什么分手?甚至想挖出一些隐私。到底是说还是不说?最好的做法是,先判断对方是想"了解你"还是"控制你",再决定要坦白到什么程度。

分享一个简单的判断方法:如果对方是因为想更了解你才问的,那你们之间的对话一定会是双向的。

举个例子:

如果他问你"你与前男友为什么分开啊",你可以先撒个娇反问他,如果这时他忍不住与你分享他的小隐私,这就表明他想拉近你们间的距离。但如果他不理会你,而是继续追问:"你们后来还有没有联络啊",这就很有可能是想控制你。

如果对方真的想要了解你,那么不要怕。打开这扇门,会让你们彼此都轻松很多。

| 今日金句 | 你若坦诚,我怎舍得欺骗。你若有心,我怎舍得无情。 |

19 尊重他的沉默，才有长久的亲密

撩汉不仅需要真心，也是个技术活。在长期的恋情中，每个人都会有情绪起伏，你的男神难免会有愤怒、不安、沮丧的时候。

很多女生为了表示关心，常常拉着他的手说："发生什么事了，跟我说说吧。"他不愿意说，你就觉得他不爱你了。

其实这是因为男女思维方式不同。男人有个"洞穴机制"，当他受伤时，喜欢躲到"洞穴"中，独自思考，自我修复。如果你非让他把一切都说出来，很可能会激怒他。

事实上，你要做的就是像哥们儿一样尊重他的沉默。只需要说一句话："如果你愿意说，我随时倾听。"然后转身去忙自己的事情就好了。要相信，他选择不告诉你，是因为不愿意让自己的烦恼使你增加负担，这就是在展示对你的爱。

| 今日金句 | 陪伴他要经历的，尊重他所相信的。 |

20 吵架一时爽，爱情两行泪

很多女生在跟伴侣发生矛盾后，以为跟对方发火就能让他就范。可研究表明，发脾气会对伴侣造成心理上的长期伤害，影响对彼此的信心，降低信任度。

追究发火的根源，是因为自己的需求没被满足。所以，一旦生气，要学会把焦点从对方身上转移到自己身上，只有这样，我们才能找到问题的症结，而不是指责或试图去改变对方。

今天给你分享的方法是给"发火"设置"暂停信号"。也就是说，一有怒气就要告诉自己"暂停"，找点手头能做的活儿、出去走走或者换个环境。接着，不断问自己："我想要的到底是什么"，这样就容易把注意力从怪罪对方转移到解决问题上。

再生气的时候，要记得"暂停"，这样才能获得幸福，感情才能长久。

| 今日金句 | 适当地隐忍克制，才能活出生命的自在。 |

21 先明白了这点,再去恋爱、结婚

在一起久了,伴侣之间总会有这样的抱怨:"他变了,不再是当初跟我刚在一起时的样子了。"伴侣相处是一门学问,在不同时期,双方都要根据实际情况做出相应的改变,才能拥有美满的婚姻。

伴侣在人生的不同阶段会有不同的想法和选择,如果你对伴侣的某些做法不满意了,给你分享一个小建议:坐下来与他谈谈,讨论的内容可以包括如下方面:

你这么做的原因是什么?

我可以为你提供哪些支持?

问题的关键不是"你变了",而是"你变了之后,我可以做些什么"。弄清楚对方发生改变的缘由,给予必要的理解和支持,才是有效的应对之道。

改变,就是婚姻生活中的一项考验,接受并处理好它,你的婚姻才会更加圆满。

| 今日金句 | 爱,不是寻找一个完美的人,而是用完美的眼光,欣赏那个不完美的人。 |

22 用"受伤"代替生气

沟通可以给人温暖的力量，也可能是杀人于无形的利器。当我们处于愤怒、哀伤、妒忌等情绪中时，经常会使用暴力沟通模式，这时我们不再温柔体贴，变得面目全非，甚至恶语伤人。给你分享一个小技巧，用"受伤式"的表达方式代替"生气式"的表达方式。

举个例子：

男朋友没回复你的微信消息，"生气式"的表达方式是："你干什么去了？""我的消息你都敢不回？"

而"受伤式"的表达方式是："亲爱的，没有你的消息，我会担心。下次如果工作忙，记得提前告诉我一声。"

是不是采用"受伤式"的表达方式，就不那么咄咄逼人了？

所以，我们可以尝试直接说出自己内心的想法，明确告知对方自己的感受。不被情绪控制，让对方感受到自己的爱。

| 今日金句 | 爱你，就是接纳你的感受，"看见"你的灵魂。 |

23 怎样谈一场有惊喜的恋爱

计划赶不上变化，临时取消约会之类的事会常常发生，不仅让被约的人很失望，爽约的人也会很内疚，想要补偿对方又找不到方法。

很多人都会采用"给承诺"的方式，如我下次一定准时赴约，但这样说的话，对方会本能地觉得你不真诚。这时，我们就可以把承诺换成惊喜。

举个例子：

最近工作特别忙，好几次约会都泡汤了，通常我们会说："亲爱的，对不起，下周末我一定陪你吃饭。"

让人感到惊喜的说法则是："亲爱的，最近没好好陪你，今晚刚好我们都有空，我预订了上次你说很想去的餐厅，我们这就出发吧，我请客！"

承诺补偿不了失望，惊喜却能给感情保鲜。虽然惊喜有时会让对方觉得措手不及，不过，对方最多也就会抱怨你"太浪漫"，这不是很划算吗？

| 今日金句 | 爱不是习惯，不是承诺，爱就是爱。 |

24 怎样跟亲密的人提要求

我们有时想提要求，可是对于处在亲密关系中的两个人，拿捏提要求时的分寸却不容易。太客气、太正式会显得疏远，太理所当然又显得强势。今天给你分享一个技巧：多用"撒娇"的方式来提要求，给对方甜头。

举个例子：

如果你希望男朋友可以每天给你打个电话，但又不希望对方觉得你太不讲理，可以这样跟他说："我好喜欢跟你聊天啊，我每天都会等你打电话。"

而一旦对方按约定打来电话，你可以先说一句"听到你的声音，心情马上就好起来了。"

这样，对方就会觉得他是在主动让你开心，而不是在被动地完成任务，不会有任何被掌控的感觉。如果我们能给对方甜头，让对方感受到你的需求，他也会觉得快乐和满足。

| 今日金句 | 温柔的爱语使孩子愿意为你效力，撒娇的习惯使丈夫愿意拔刀相助。 |

25 往"情感账户""存钱"的诀窍

两个人的感情，就像是一个"情感账户"，每一次增进感情的互动，就是往这个"账户"里存钱。今天就给你分享一个能"多存点钱"的诀窍——在日常生活中，增加积极主动的回应。

举个例子：

如果你的伴侣对你说："我最近好像瘦了点儿"，你可以这样回应：

"是吗？你太厉害了！"

"你最近都在做运动吧？你如何坚持下来的？"

"那你岂不是更帅了！"

这些就是积极主动的回应，它的特点就是带有很多问号和感叹号。

当然，你可能会觉得有点别扭，大家平时不会这么说话，但至少我们可以学习这种回应背后的精神，即带着真诚，并表示出你希望把交流继续下去，它所传递的信息是："我欣赏你"。

这样的沟通就是往"情感账户""存钱"，会让你的爱丰盛起来。

| 今日金句 | 谁先改变，谁就拥有主动权。 |

26 不如把恋爱变成讨好对方的即兴戏剧

今天给你分享一个可以大幅提升魅力值的表达技巧——"Yes"和"And",这个技巧源于意大利即兴戏剧。Yes 代表接受,就是同意对方说的话,And 就是在 Yes 的基础上添加自己的话。这个技巧无论是在家庭生活中还是在职场中都很有效。

举个例子:

假如你的伴侣对你抱怨:"亲爱的,你看,你最近总是买东西,花了这么多钱。"用这个技巧怎么回应呢?首先用"Yes"来表达——"是啊,真是不好意思,我最近花钱确实有点多",然后用"And"来表达——"但是我今天发了一小笔奖金,晚上我请你吃大餐吧!"

这样,就能巧妙地化解对方的抱怨。在其他的沟通场合,营造"求同存异"的氛围,也更容易达成共识。

在回应伴侣的时候,不妨先认真想一想,有哪些是可以用 Yes 来表达的呢?

> **今日金句** | 所有的好,都是经过肯定得来的。

27 这样表达你的不满，让对方更懂你

爱抱怨的女人永远得不到别人的同情，那么，当我们对另一半不满意的时候难道就只能忍着吗？当然不是！今天就给你分享一个小技巧：按照事实、意见、情感的顺序来表达。

举个例子：

你觉得你的伴侣最近总是在忙工作，该如何表达呢？

先说事实："亲爱的，最近你天天都加班到半夜，有时连晚饭都顾不上吃。"

再提意见："我觉得这样会严重影响健康，不如减少一些不必要的工作。"

最后说情感："看你这样，我特别担心，特别心疼。"

这样表达，对方就会更容易明白你的心意，而不会产生矛盾。

语言风格的小小改变，就能大大提高沟通效率，增进你和另一半的亲密度，希望这个小技巧能帮到你。

| 今日金句 | 喜欢抱怨的人是贫穷的。 |

28 夸伴侣的黄金法则

在一段亲密关系中，如何表达对对方的喜爱是一门学问，最重要和最常用的方法就是称赞。怎么夸你的伴侣？只需记住两句话：第一，热恋的时候夸人；第二，过日子的时候夸事。

在热恋时，最重要的就是称赞对方有魅力的地方，你的称赞要指向他的个人品质、外貌和内心，比如"你真英俊""我就喜欢像你这么善良又上进的人"。这个时期的主题是"你的人生太美，我想和你一起看"。

而当你们的关系趋于稳定，结婚很久的时候，你的称赞就要有深度了，这时候要夸他做事的境界，比如"你最近进步好大""这件事情处理得很好"。这个时期的主题是"在前进的路上，我们要携手同行"。

热恋时夸人，过日子时夸事，会让你们的心越靠越近，记住了吗？

| 今日金句 | 你把对方当皇上，你就是皇后。 |

29 有些话要反着说，他才能听你的

我们在督促别人做事的时候，总喜欢采用激将法，最常用的句式是："你看别人的老公多好，哪像你啊，每天就知道打游戏！"要知道，在自己老公面前说别人老公的好，那可是大忌。

建议你把激将法反过来用，也就是通过适当贬低其他人，提高伴侣的自尊，这里有个关键的句式"幸好你不一样"。

举个例子：

如果你希望老公多陪陪你，你可以这样说："我闺蜜小敏的男朋友一点都不在意她的感受，幸好你不一样，我做什么你都会陪我的，对不对？"

通过反向激将法，激发出他的自豪感，就会让他为了"维护自豪"而努力。这样既能维护你们之间的感情，也能让他产生由内而外的驱动力，改变自己。

| 今日金句 | 人们都是被奖励推着走的。 |

30 如何利用假期让感情升温

如何增加两人的亲密度？其实非常简单，只有一句话和两个关键词。

一句话是："两个人一起去做一件很新鲜的事"。

两个关键词是："一起"和"新鲜"。

什么是新鲜的事情呢？就是之前从没做过的事。

有一对濒临分手的情侣，一起参加了一个沙漠训练营，回来以后竟然订婚了。这是因为，沙漠是一个寸草不生的地方，如果没有对方的支持，生存会很艰难。于是，他们不得不重新开始依靠对方，重新建立起了一种新的亲密关系。

所以，如果你和伴侣之间出现问题，建议你们多参与一些户外活动，或是去从来没去过的地方旅行，这样，你们会发现彼此身上新鲜的地方和对方的长处，从而让你们的关系一直保鲜。

| 今日金句 | 永远不要因为追求新鲜感疏远一直陪伴你的人。 |

31 婚礼誓词，怎么说才让人难忘

在婚礼这种重要场合，我们都想表达自己的深情，但我们总觉得表达深情靠的是文采，很多人会在网上搜索范文。然而这样不但落了俗套，而且根本没办法打动别人。

如果你想感动你的伴侣，感动别人，就要挖掘专属于你们两个人的细节，可以是回忆过去，也可以是展望未来。细节描述得越清楚，越能让人感动。

举个例子：

陈小春给应采儿的婚礼誓言是："以后我每月的收入都会交给你，你来分配我的零用钱，我负责供水电费，你想买什么名牌都可以。欢迎丈人、丈母娘来家里长住，检查我有没有欺负你……"

这段话之所以感人，就是因为充满细节。赶快想想你们之间的感人细节吧！

| 今日金句 | 能打动人心的，从来不是华丽的辞藻，而是动人的细节。|

32 说话时加上后缀词，温柔度满格

你有没有接触过上海的女孩？她们无论说什么，总是习惯在后面加上一个"是的呀""好的呀""对的呀""真的呀"等，听起来特别可爱。

这个小技巧我们可以借鉴一下，也就是在你要说的话后面加上一个后缀词，比如"是吧""好吗"，这样会给人带来温暖的感觉。

你跟男朋友说话，就可以这样说：

"你今天工作了一天，是不是很累了？是吧。"

"今天晚上别做饭了，我们去上次你说的那家餐馆吃饭吧，好吗？"

这样就会让对方觉得你很温柔，他就会很放松，没有任何压力。下次记得，一定要把你对他的关心用一种温和娇嗔的方式表达出来。

| 今日金句 | 女孩子贵在有度，才会可爱。 |

33 这样和男生聊天，瞬间吸引他

与男生约会，没必要太在意聊天技巧。男女之间见面聊天，应该把舞台留给男生，让他尽情地说他想聊的话题，我们就只需要在旁边静静观察，在适当的时候给出赞同的语句，如"我也是。""我和你一样！""我也这么觉得！"

这个技巧的原理很简单。被人理解，会带来强烈的内心满足感，同时会让男生觉得你们之间存在共同点，这样他就会对你产生好感了。

举个例子：

他说："我喜欢巧克力奶茶。"

你就说："真巧，我也是！"

如果你们彼此已经很熟悉了，就可以在共同点的基础上，加上互补的建设性元素，像这样："我也喜欢巧克力奶茶，不过我偶尔会加一些红豆，下次你也可以试试看。"

恋爱也是一件熟能生巧的事，下一次，你会更勇敢！

| 今日金句 | 想要与别人处好关系，爱就是答案。 |

34 这个问题，是爱情的保鲜剂

汪峰总爱问"你的梦想是什么"，我们可以拿来当作爱情的保鲜剂。这是因为普通人很少有展示自己梦想的机会，也很少有人会关心伴侣的梦想。我们对另一半的那些超越现实的梦想似乎毫无察觉，于是梦想就渐渐被他深藏在心底。

聊天的时候，我们可以问另一半"你有什么梦想？"当他开始与你分享他的梦想时，就会产生某种程度的安全感和满足感。所以，我们可以先主动与他分享自己的愿望、最想做的事、想要去的地方，然后再问问对方的梦想。这种互动可以增进彼此之间的联系。

伴侣的梦想是否能成真并不重要，关键是，我们要了解他并鼓励他、支持他。拥有爱情保鲜剂，爱情才能花开不败，灿烂如初。

| 今日金句 | 坚守内心的疯狂，每个梦想都可能实现。 |

35 撒娇的女人最好命，但你得会撒娇

撒娇的女人真的最好命吗？那当然！不过，这里的"撒娇"可能不是你以为的那种"撒娇"。像"怎么可以吃兔兔，兔兔那么可爱"这种话，听起来就让人不舒服，撒娇也是需要技巧的。

举个例子：

如果男朋友工作很忙，你却想让他陪你出去玩，这种撒娇方式就不太好："我天天给你洗衣做饭，你就陪我一会儿吧。我不管！陪我还是工作，你选一个！"

而聪明的撒娇方式是这样的："亲爱的，你就陪我一个小时好不好，回来以后我帮你做饭，让你更好地工作！"

第一种方式是无理取闹，第二种方式才是正确的撒娇方式，你能替他着想。

撒娇是女人的一张王牌，但绝对不能作为不讲理的武器。正确的撒娇方式才是两人关系的调味剂。

| 今日金句 | 做女人别太实诚，要善于利用自己的长处。 |

36 关注"互补性需求"，收获完美爱情

如何让你爱的人爱上你？今天教你一招——学会满足他的"互补性需求"。每个人都期待伴侣能带给自己别样的新鲜感，喜欢在恋人身上寻找自己不具备的素质，以帮助自己达到圆满。

比如，一个不会做饭的女孩，总想找一个烹饪高手做老公；而一个不爱做家务的男人，发现一个女孩勤俭持家，一定会对她萌生爱意。

所以我们必须时刻保持敏感，找到那些"互补性需求"，也可以直接问，"你最期待什么样的伴侣"，或者委婉地提及过去，如问问前女友是如何吸引他的。

然后你就可以时常表现出自己在这些方面是一个高手，这会给对方一种"我想要的一切你正好都有"的美妙感觉。这个"互补性需求"将会成为你们收获完美爱情的关键。

今日金句 | 自己有爱，才能给身边人更多的爱。

37 最怕你是女汉子，却还抱怨男人不懂欣赏

男生大都有着很深的英雄主义情节，所以要引起他的注意，可别再充女汉子了，最好去做一些适当寻求保护的事情。偶尔"示弱"，偶尔"装笨"，不仅能满足男生的心理需求，还可以让两人的关系迅速升温。

在一些小事上主动跟男孩示弱，最简单的方式就是假装拧不开瓶盖，请男生帮忙。在轻松解决之后，他不仅会产生对你的保护欲，这种满足感会在他的大脑里徘徊很久。

至于装笨呢，女孩子总有一些不擅长的事，比如用电子产品和软件等，而这些领域恰恰是男生非常熟悉的。找心仪的他帮你安装电脑系统、修手机，哪怕是搬点重物都可以。你对这些事情的无能为力会激发他的怜爱，让他很有成就感。

一定要记得，把坚强装在心里，学会示弱。

| 今日金句 | 强者懂得示弱，弱者才喜欢逞强。 |

38 伴侣爱吃醋怎么办

"另一半控制欲强,很爱吃醋,就连我在工作上与异性的正常接触他也会不开心,该怎么办呢?"你可能会对他抱怨:"你怎么这么小心眼,为什么不信任我?"这样肯定会产生矛盾。

其实,吃醋是因为对方缺乏安全感,我们的目的应该是让他更自信。今天就给你分享一个好方法:吐槽吃醋对象。

我们可以分析伴侣的吃醋对象有哪些地方是你的伴侣觉得自己比不过的,然后对症下药,进行吐槽。

比如,伴侣的吃醋对象学历高,你就说他是书呆子;伴侣的吃醋对象长得帅,你就说他没有内涵……总之,要让伴侣觉得你根本看不上那个人,他自然就会有安全感了。

人总喜欢比较,于是就会自卑,自卑以后就会吃醋。我们应该学会主动帮伴侣建立安全感。

> 今日金句 | 在你不与别人比较以后,所有的自卑感都会消失。

39 想要挽回他，这三件事情一定不要做

几乎每个女生都可能会被分手，有时，我们想挽回一段感情。这时，哭闹、哀求、纠缠、威胁等做法是万万不行的。

通常我们都会有如下三个误区：

第一，认为说服他周围的人站在自己这边，他就会回来。

第二，认为自己再多付出一点，他就会回来。

第三，认为让自己显得足够惨，他就会回来。

这三件事千万不能做，因为这不仅会伤害你自己，还会把负面情绪带给对方。如果你真的想挽回，就要学会解读自己的负面情绪，找出问题所在。寻找修复关系的机会，而不是只会说"都是我的错，我求你不要走"。

千万不要频繁地去找他，只有换一种新的方式与他相处，才有可能提高挽回率。

今日金句	分手的疗愈方向，是完成自我的人格成熟。

40 适度依赖，才能让两个人的关系更近

我们对"独立"这个标签有误会，很多优秀的姑娘不愿意依赖别人，谈恋爱的时候特别酷，什么事情都自己做，拒绝承认"自己需要别人"，这其实是不对的。

什么是适度依赖？就是在依赖他人的同时，仍然保有强大的自我意识，既亲密，又自主。

举个例子：

一个女孩生病了，不愿意麻烦男朋友，一个人默默去医院输液，还觉得难过，这就有点"作"了；同样是这个女孩生病了，男朋友碰巧去外地出差，于是她一个人去医院，还对他撒娇，这时两个人的关系就是良性的。

女性需要独立自主，但是也千万别被这个标签捆绑了，该求助的时候求助，该撒娇的时候撒娇，没人可以依赖的时候，再自己顶住。既不怕依靠对方，也不怕依靠自己。

| 今日金句 | 只要不计较得失，人生便没什么不能克服的。 |

41 男人只会说"多喝热水",怎么办

你向男朋友抱怨:"我大姨妈来了不舒服!"他说:"不舒服?那就多喝热水。"你肯定会非常不爽。

但这真的不能怪他,你的潜台词其实是:我希望你为我做些什么。你应该把你的期望说出来,把你的需求直接告诉他,何必非要让他猜,结果搞得两个人都不愉快。

你说:"老公,你去给我倒杯热水,你陪陪我,哄哄我!"如果这时候他还不理你,那才有可能是真的不爱你。

他说"多喝热水",不怪他嘴笨,只怪你自己没说清楚。男性和女性在沟通方式、认知方式、接收信息的方式等方面存在差异,如果逼得太紧会适得其反。

判断他爱不爱你,还是要看行为的,而不是光听他说了什么。

| 今日金句 | 爱的语言是正直的,爱的心底是无私的,爱的行为是成全的。 |

42 想表达"我爱你",又怕肉麻,该怎么说

中国人表达情感的方式往往比较含蓄,在亲密伴侣之间,常常有很多言不由衷的表达,比如,明明想被温柔地呵护,出口就成了教育对方;明明想让对方照顾自己,张嘴就是"才不要你管"。

问题就出在语言上,我们说话的时候要有爱的感觉才行。但是如果天天说"老公我好爱你",他可能会觉得你吃错药了。今天就教你一招不那么肉麻的表达方式:制造虚拟现实的效果。

有一个好用的小句式:"一边,一边"——我今天一边在上班,一边满脑子想的都是你。

运用这个句式把两件事情联系在一起,第一件事是真实发生的,第二件事是你期待发生的,这就是虚拟现实的表达效果。

敞开你的内心,不要羞于表达,让你的伴侣感觉到真实、温暖。

> **今日金句** 成熟的爱是因为我爱你,所以我需要你。

43 伴侣之间，抱怨的正确"姿势"

怎样才能愉快地吵架？今天给你分享一个法则——"只说感受，不说看法"。

说感受，就是更多地表达自己的情绪和情感，这听起来很简单，可大多数人就是做不到，一张嘴就变成"你这个人怎么不讲理啊"之类的话。

如果你对你老公说："你最近都不陪我，我真是嫁了块木头"，他肯定会不高兴。如果换成说感受，如"最近你工作这么忙，我感觉特别孤单，真希望你能多陪陪我"，你看，是不是效果就好了很多？

只有谈论感受，对方才能体会到你的真诚。每个人的看法都不一样，感受却是相同的。

反之，不把自己的感受说清楚，让对方猜，是情商低的表现。

下次再想抱怨的时候，一定要记得，只说感受，不说看法。

| 今日金句 | 当我真的有爱时，我接纳你的感受，"看见"你的灵魂。

44 爱的 3 种 "语言"，让两性沟通更完美

爱，也需要用语言交流，今天就给你分享 3 种爱的语言，让你在两性沟通中做得更好，分别是：肯定的语言、服务的语言、身体的语言。

两个人相处久了，很容易把对方的付出视作理所当然，转而一个劲儿地挑对方的缺点。不妨刻意使用肯定的语言，记录对方打动你的点点滴滴，并找时机来表达你的赞美。

我经常听到女生抱怨，"他追我的时候多殷勤啊，天天接送、为我做饭，结果现在天天在家躺着。"服务的语言在一段关系中很重要，你也应该重视起来，经常用行动表达你的爱。

除了口头上和行动上表达爱意，牵手、亲吻、拥抱、抚摸等身体的语言也是增进亲密关系的重要途径。

记得每天用这些语言，传递爱的信息。

> 今日金句 | 想拥有诱人的双唇，就要说友善的语言。

45 让另一半成为你的人生搭档才是硬道理

有时，家庭和工作很难平衡，两个人进行家务分工，是婚姻生活中非常自然的一件事情。如果你非要大包大揽，或不分彼此，不出问题才怪。

特别是有了孩子后，在妻子看来，照顾孩子是"工作"，丈夫却把妻子在家照顾孩子视为"休息"。所以，坦诚地先谈好分工，比表面上一声不吭却在心里计较要好得多。

这并不是让你把所有的家务严格对半分，而是将其动态地调节到一个平衡的状态。如先生负责做饭和带孩子读书，太太则负责安排孩子的日常活动和食物的采购。

如果能达成这样的共识，那么另一半就是真正的人生搭档了。不要什么事都大包大揽，硬撑着做完美的人，去和另一半商量一下，共同承担起家庭的责任吧。

| 今日金句 | 毫无经验的初恋是迷人的，经得起考验的爱情是无价的。 |

46 与另一半相处的小妙招

如果有人问你:"你的伴侣有哪些缺点最让你接受不了",我猜你一定能说出很多。两个人相处的过程中,有太多问题需要解决,除了心中有爱,还要脑中有技巧,才能不为小事抓狂。今天就给你分享一招——忽略伴侣的三个小毛病。

写出伴侣最不能让你接受的是哪个小毛病,同时反思自己对此事的看法,告诉自己,不要把它当成敌人。

比如,你的老公经常忘记关灯,你不妨把这个毛病当成一件有趣的事,毕竟老抓着这件小事不放一点意义也没有。下次他再不关灯,你就笑着帮他关掉,说"嘿,你又忘记关灯啦!"

爱不仅是情感,也是一种能力,更是一门艺术。一旦你决定与伴侣的坏习惯和平相处,你会发现,它们真的没什么大不了。

> **今日金句** | 消灭敌人最好的方法,就是把它变成你的朋友。

47 让你的爱燃烧起来

爱情是双行道，如果你对他的爱随着彼此的熟悉慢慢消退，对方自然也很难长久地为你痴迷。怎么做才能让爱历久弥新呢？今天给你分享一招。

著名的育儿大师本杰明·斯波克有一条金玉良言："告诉一个小淘气他很棒，会鼓舞他变得更棒"，这被称为"斯波克法则"，它在成年人的世界里同样管用。也就是说，你要告诉你的伴侣，他的哪一点让你怦然心动。

比如，你喜欢他大笑的样子，可爱得像个孩子，或是你第一次请他吃饭，他就主动帮你刷了碗。你得告诉他你喜欢什么，他才能继续去做那些让你爱慕或崇拜的事情，你不说，他怎么会知道做什么能讨你欢心呢？

想想伴侣身上那些你最爱的特质，然后告诉他你爱的正是这一点，这会让你们的爱长久地保鲜保质。

| 今日金句 | 婚姻无法保障爱情，只有爱情能保障爱情。 |

48 你怎样说话，就有怎样的婚姻

网上有这样一个话题："什么样的夫妻生活在水深火热之中"，最高赞的答案是："不好好说话的夫妻"。

我们总是羡慕历经风雨的爱情，却很容易忽略眼前的点点滴滴。好的爱情都有"牺牲精神"，就是愿意去做一些困难的或违背自己意愿的事情，比如改掉自己不好好说话的习惯。

当然，习惯不是一天就能养成的，改变也不是一蹴而就的，我们要从调整自己的语言模式开始。今天给你分享一个简单的模型："如果……就……"。

举个例子：如果你又想批评他了，那就在心里数数或深呼吸。

当情绪来了的时候，要理性地恢复思考，不要让感性的话语伤害两人的关系。

多说好话，好好说话，凡是经得住考验的亲密关系，一定是时刻在变化，千万不要让你们的关系毁在你漫不经心的一句话上。

> **今日金句** ｜ 最毒的不是拳头，而是舌头。

49 打造愉快的两性关系，你需要向他发出邀请

在童话故事中，王子是因为发出了舞会的邀请，才有幸邂逅了心地善良的灰姑娘，过上了幸福的生活。而现实中，伴侣之间从相识、相知到步入婚姻，都在不断地通过语言和动作向对方寻求支持和理解，这就叫作"沟通邀请"。

类似于"你能帮我买几瓶啤酒吗"或"我需要你"之类的表达，都是"沟通邀请"。在日常的聊天中采用"沟通邀请"的技巧，可以让对方感受到被理解和被尊重，增进彼此的感情。

举个例子：

你坐在沙发上看电视，老公过来看着屏幕感叹："啊，这个地方风景好美"，你在这时就可以向他发出"沟通邀请"："对啊，真希望有一天我们能一起去。"

两个人的关系，只有用心经营，靠智慧取胜，才能不断给幸福加油，为爱加分。

| 今日金句 | 沟通的温度，决定婚姻的持久度。|

50 这样度过蜜月期,才能让两个人越来越亲密

在蜜月期,两个人会如胶似漆,沉醉其中,尤其是刚确定关系的恋人或结婚不久的新人。但一般来说,蜜月期的这种状态不会持续太久。

蜜月期的这种状态可能不会持续太久,是因为它并不是基于爱,而是基于一个不切实际的幻想:认为对方可以满足自己所有的需求。你看到的全是对方的优点,他的一切都是最美好的。然而这只是一个幻象,当它瓦解的时候,两个人的关系也可能随之崩塌。

怎样才能平稳度过蜜月期呢?给你个小建议,不要把对方看成爱情超人,而是把他还原成一个普通的、会犯错的平凡人。最简单的方法是列出他的 2~3 个缺点,迷恋他的同时也要认清对方的不足之处,今后才不会因为幻象瓦解而陷入巨大的落差中,这段关系才能走得更远。

| 今日金句 | 爱是一个旅程,愿你旅途愉快。 |

51 少期望对方，多关注自我

伴侣之间，常会相互期望。期望另一方的理解、鼓励、支持。可是期望值越高，失望就越大，不如先把注意力放在自己身上。

举个例子：

小丽一直想让爱打游戏的老公将时间用在更有意义的事情上，但她的老公则认为游戏是很好的放松方式，所以两个人一直存在分歧，时不时就要吵上一架。

后来她决定放弃劝说老公，先做好自己，努力工作，尽可能多做家务，每天还跟孩子一起学英语。生活充实的小丽状态越来越好，再也不为老公打游戏的事而烦恼了。

一段时间之后，她竟然发现老公打游戏的时间变少了，他开始用更多时间去研究围棋，并表示以后要当孩子的高级围棋队友。

放下对伴侣的过度期望，把精力放在让自己变得更好的事情上，亲密关系一定会因此而得到改善。

| 今日金句 | 你必须了解的最重要的关系，就是跟自己的关系。 |

52 表达你的感恩和喜悦，他会愿意为你付出更多

你平时会不会因为害怕伴侣生气，而不敢要求他帮你做家务呢？其实换种说话方式，他就会高高兴兴地为你付出。方法是，你要先让他知道他已经做了很多使你开心的事情，再告诉他，如果他能够帮助你做家事，你会更开心。

举个例子：

你可以试着这样说："我很感谢当我在做饭时你帮我照顾小孩，这让我能够放松地好好享受做一顿饭的时光，如果你也能帮我洗洗碗，我会更轻松。"

表达感恩也不一定要透过话语，拥抱或亲吻等类似的肢体语言也是很好的回馈。

我们在日常生活里，要时常向伴侣表达这些美好的期望。男人天生就喜欢使女人开心，你表达更多的喜悦，他也会乐意为你付出更多。

> **今日金句** ｜ 你若爱，生活哪里都可爱；你若感恩，处处可感恩。

53 想让老公做家务，千万不要说这几句话

很多姐妹们交流起来，发现自己家的老公都是"同款"——不会做家务。每当看到老公做家务的样子，我们总是气不打一处来。但是要记住，以下这些话绝对不能说：

"你看看别人家老公！"

"你还有没有良心、有没有责任心？"

"你怎么总是笨手笨脚的？"

一味地抱怨、指责，肯定会起反作用。这时，你需要大力支持，狠狠表扬，而不是打击他。

比如宝宝刚出生，老公不会换尿布，这时你就应该鼓励他："没关系，你第一次做，已经很好了，下次一定会有进步，你是孩子的爸爸，你一定可以！"

每次都得到鼓励，每次都听到你对他的美好的期待，他就一定能越做越好，没准你的老公就是个大器晚成的家务小能手呢！

| 今日金句 | 真正的爱，包括及时的赞美，恰当的鼓励，有效的敦促。|

54 消费观有分歧，怎么沟通

最近家里很乱，大家工作又都很忙，你想请保洁阿姨来打扫，可是另一半却不愿意，觉得花这笔钱很浪费。遇到类似的消费观不同的问题，该怎么沟通呢？

想要改变对方的消费观当然很困难。好的沟通方法不是争执某一笔钱是该花还是不该花，而是要了解对方是怎样考虑这笔钱的用途的。

比如，关于请保洁阿姨这件事情，另一半之所以觉得浪费钱，是因为他认为这不属于日常生活必需品的开销。你可以告诉他，这笔钱是用来提升生活品质的，性价比特别高。你可以试着这样说：

"请保洁阿姨这笔钱可以改善我们的生活，你想想，这与我们出去吃饭、旅游比起来一点也不贵，回到家里清清爽爽，心情自然也会很好。"

先理解对方是怎么想的，再说服他，就会变得轻松很多。

| 今日金句 | 爱一人即可悟众生。 |

55 每天早上先做这件事，一天都会幸福甜蜜

爱情需要两个独立个体融合，它需要我们付出很多耐心与时间。有一件小事，如果你每天早上醒来都做一遍，一定会让你和伴侣之间越来越幸福甜蜜，这件小事就是——想三个爱对方的理由。

举个例子：

今天，你爱你老公的三个理由是：第一，他总是笑呵呵的；第二，昨天你生气了，他很会安慰人；第三，他今天会帮你接送孩子。这么想之后，你会发现自己变得更包容了，接下来的一天，你都不太可能因为鸡毛蒜皮的琐事对他生气了。

这就是早上醒来想三个爱对方的理由的奇妙之处。这很简单，花一两分钟就能完成，但它带来的能量是巨大的。

当我们从一天的开始心中就装满对伴侣的爱时，一整天都会变得美好起来。从明天开始就试着这么做吧！

| 今日金句 | 爱情，是一场相互的"驯化"。 |

56 每天最重要的半小时，有两件事不能谈

想想看，如果度过了繁忙的一天，回到家里，另一半还要问：晚上吃什么？脏衣服怎么还没洗……这些看似平常的小问题就会成为引燃情绪的导火索，争吵也就在所难免。

因此，辛苦工作一天回家后，重塑家庭氛围很重要，在下班回家之后的半小时内，爱人之间最好遵守如下几点：第一，不谈工作；第二，不谈家务。

在外辛苦了一整天，两个人都已经很疲惫了，如果你还跟他谈工作，发牢骚，让他耗费脑细胞帮你分析，这样的生活谁会想要？

至于家务，虽然是每日必做的事，但你一定不要急于一到家就分配任务，这样会让紧绷的神经更加敏感，增加发生矛盾的概率。

一定要把握好每天最重要的半小时，给两人不多的相处时间营造温馨的氛围。

| 今日金句 | 家是讲爱的地方，不是讲理的地方。 |

57 调教老公最佳指南

爱就是深深地理解与接纳对方。虽然理是这么个理,可现实中,真正能全然接纳自己伴侣的人又有多少呢?

如果你想去晨跑,他在睡懒觉,你说气不气?想让他变得上进,只说好听的话肯定是不够的,你还得在行动上引领他。

首先自己要够积极。自己脾气暴躁,却要求伴侣温文尔雅,这自然不妥。自己不上进,却要求对方要自律,要顽强,要胸怀大志,这也不太可能。

比如,你希望他减肥,那首先你自己得动起来。你可以先传递正能量:"亲爱的,我要跑步啦,你愿意一起来吗?有你陪我我会更开心。"如果对方不去也别勉强,不要传递给他被强迫的感觉。

你就是要给他自由,但这自由又被某种正能量包裹着,这是一种没有焦虑、没有压力的自由。

| 今日金句 | 光在别人身上拧螺丝是不行的。 |

58 有格局、情商高的妻子，不会要求男人做这件事

很多人都希望找个怕老婆的老公，可是，怕老婆的男人真的是好男人吗？要知道，在婚姻里，无论男女，如果长时间隐藏自己的真实想法，收敛自己的脾气，无条件地迎合伴侣，早晚都会累。

看上去，"老婆说什么都对，我没意见"是一种包容，背后却是沟通和自我表达的缺失。这并不会让两个人的感情更融洽，反而成了猫捉老鼠的游戏，女人总是挑男人的错，两个人之间的距离只会越来越远。

真正好的亲密关系，不会因为"怕"而单方面迎合和付出。

所以，不要要求另一半什么都听你的，对男人少一些期待和抱怨，多一些理解和包容。好的关系不需要谁怕谁，只要互敬互爱，良性沟通，绝大多数问题都能得到解决。

| 今日金句 | 我们的目标不是相互说服，而是相互认识。|

59 婚姻的"沟通潜规则",每对夫妻都该知道

有研究表明,在一段良好的亲密关系中,积极互动与消极互动在生活中占比大约是 5:1。也就是说,夫妻可以争吵,但最好在结束后有效沟通,并用更多的良性互动抵消彼此之间的冲突和不快,促进关系的进一步发展。

举个例子:

你们可以约定,如果一方说了伤人的话,就在接下来的一周每晚为对方洗脚按摩。这种用行动表示歉意的做法才会让你们之间没有矛盾。

婚姻中的伤都要加倍弥补,而积极互动就是修复关系的良药。如果你们吵架了,出门前抱一下他再走,一起走路时牵一下他的手,睡前说一句爱他,早上醒来亲一下他……

如果你在婚姻里受了伤,那就去做一些有建设性的事情,任何时候开始都不晚。

| 今日金句 | 好的婚姻如钻石,千锤百炼才会光彩夺目。 |

60 男人不愿意沟通，怎么办

当感情出现问题时，大家都知道应该沟通。可是男女之间80%的沟通，都不是沟通具体问题，而是一方根本就不想沟通。这时，我们就需要为沟通扫平障碍，方法是创造良好的氛围。

举个例子：

老公回家晚了，你以前总是这样说："你看看都几点了？每次都回来这么晚！这是家，又不是旅馆！"他听了能不生气吗？

现在你可以尝试这么说："回来啦，是不是又陪客户吃饭了？辛苦了，赶快洗澡睡吧。"记住，说的时候一定要轻描淡写，不要给男人压力。让他觉得，晚归没有对你的生活、情绪等造成太大影响。

没有人喜欢处于剑拔弩张的氛围中，让对方处在一个放松安全的环境中，没有指责、抱怨、争吵、恐惧，才能让他愿意敞开心扉。

| 今日金句 | 沟通不在于说多少话，而在于心的远近。 |

61 化解矛盾的"情书沟通"法

说起情书，大家首先会想到浪漫，但在日常生活中，情书也是可以用来解决问题的。有了矛盾，不妨给他写一封"情书"。方法是：先表达你的愤怒悲伤，然后表达悔恨，最后表达爱。因为人总是习惯先把消极情绪清空，才能释放出积极的情绪。

举个例子：

"昨天，你的态度确实让我很生气，我害怕再这样下去，我们就会越来越漠视生活中的小问题，以至于堆积成大的矛盾。我为昨天的情绪感到抱歉，但我的本意不是这样的。我珍惜我们之间相处的日子，相信你也是一样。或许我们可以等平静下来后好好聊聊。"

这是非常直接、高效的沟通方式，你不会压抑自己的真实感受，也不会因为情绪化误伤对方。如此一来，原本激烈的争吵，就变成了一次爱的表达和沟通。

| 今日金句 | 文字，是启动他情感的密码。 |

62 能俘获人心的接话小技巧

当别人对朋友倾诉的时候,有人总是说些无关痛痒的话来安慰他,还有人一开口就是说教,这些都是不能体谅对方的表现,那怎么做才能让别人感觉你能理解他呢?

今天给你分享一个简单的小技巧——重复法。只要简单地重复对方话语中的关键词,他就会觉得你们之间很有共鸣。

有人发明了一个电脑对话程序,功能是简单复述,比如,输入"我喜欢吃冰激凌",屏幕上就会显示"冰激凌,你喜欢"。结果几乎所有的测试者都认为,机器背后坐着一个全世界最懂他的人。

所以,在一时想不起该怎么接话的时候,不如就简单地重复,比如对方说"谢谢你",与其回答"别客气",不如说:"我也要谢谢你"。

这能给人带来极大的安全感,让他和你越聊越开心。

| 今日金句 | 所谓靠谱,不过就是让别人安心。 |

63 怎样利用八卦为自己加分

人们通常都觉得八卦就是传闲话，但其实好好利用八卦的社交价值，可以给我们带来很多好处。

比如，你刚加入一家公司，想尽快拓展人脉，挑一个合适的小团体加入是最高效的方法。然而有人的地方就有是非，小团队中的成员很容易在一起抱怨公司，或是集中八卦某个同事，如果你闭口不谈，就会被小团体孤立。

这时，最好的对策是参与其中，但不做挑起八卦话题的领头羊。这样虽然有些狡猾，但可以相对地减少自己的损失，维护好自己的人脉关系。

但女性往往容易犯一个小错误，就是只停留在一个小团队里，因为她们只想和拥有共同语言的人交往、建立人际圈。这是要避免的，因为小团队仅仅是你人际交往的基础，由此认识更多的人才是终极目的。

| 今日金句 | 如果想让自己身边充满微笑，请先给出你的微笑。 |

64 女性专属的职场人脉小妙招

成功=15%的知识和技能+85%的高效人脉。对于女性而言，想要在职场上与男性一争高下，人脉的累积和运用是必修课。女性天生就比男性更善于处理关系，只需多学习一些小技巧，一定能如鱼得水。

互相推荐是女性间的一种特殊社交方式，女性注重细节，喜欢和有共性的朋友聊天。如果有人向你推荐她喜欢的物品，这就暗示着她想和你建立朋友关系。

"上次你推荐给我的那本书挺好看的。"

"是啊，那本书是挺不错的，之后有好书，要不要再推荐给你啊？"

"太好了，看来我们还真是志趣相投呢。"

下次，试着体验对方推荐的好东西，并及时把感受反馈给对方，像这样的小对话，就能够成为建立良好人际关系的契机。

> **今日金句** 女人成就事业有女人的"道与术"，不必按男人的思维方式来。

65 为你最在乎的弱点准备一句玩笑

我们身上总有一些小弱点，比如太胖，五官不好看，也许别人根本不在意，但它却像一个枷锁束缚着我们。在交际场中如果被人提起，难免糟心。

今天给你分享一个小方法：为这个弱点准备一句玩笑。一个举重若轻的玩笑，是把忧虑从黑暗中赶到阳光下的最好方法。

举个例子：

演员黄渤的相貌时常被人拿来调侃，那他怎样应对这个"弱点"的呢？他说："我一直以为自己是一个花瓶，不过这花瓶得有多抽象啊，就像毕加索那样。"

这句笑话是他的看家本领，也是他自我保护的金钟罩。我们不妨效仿，为自己在意的弱点也准备这么一句玩笑，用娱乐的方式来解开这个枷锁，你会发现枷锁是纸糊的。

| 今日金句 | 只有"取悦"自己，才能"超越"自己。 |

66 这个小细节，让你在社交中更受欢迎

在交流中，我们总喜欢那些侃侃而谈、亲切随和的交谈对象，其实，他们在社交场合中游刃有余的背后，隐藏着非常重要的技巧。今天就给你分享一个管用的妙招——先停顿一两秒再微笑。

当你与别人碰面时，如果立即微笑，就会像迎宾的工作人员似的，好像每个走进你视线里的人都是你的微笑对象，这样就不那么真诚了。

正确的做法是，调整绽放笑容的速度，先注视对方一两秒，把对方"看在眼里"，随后再绽放出真诚的笑容。这样，对方会感受到你的真诚，并且认为你的笑容只为他绽放。

灿烂、温暖的笑容是一种优势，但和缓的微笑更有价值，见面后延迟一两秒，再把特别的微笑给特别的他，会为接下来的交流开一个好头。

> **今日金句** | 世间最美的一朵花，开在你的脸上。

67 遇到难缠的问题怎么办

在社交场合，难免会遇到一些人哪壶不开提哪壶，不断向我们询问一些敏感的、触及隐私的问题，不回答，就会显得自己高冷没礼貌，该怎么应对呢？今天给你分享一个小技巧——"同义反复"。也就是说，遇到难缠的问题，我们就笑着用同一个回答化解。

举个例子：

你与男朋友分手了，总会有些不识趣的朋友按捺不住好奇心，问你："你和你男朋友到底怎么回事？"对于这个无理的问题，你可以淡淡地回答："我们已经分开了，但我不会受到影响。"如果对方还接着追问，你就用一模一样的语气重复。

对方要是识趣的话，只要两次都听到同一个答案就会乖乖闭嘴。如果对方还盘问不休，那就不断重复，直到对方放弃追问。再遇到难缠的人，你的内心一定要坚定。

| 今日金句 | 以不变应万变，是最高的处事法则。 |

68 轻松让自己变美的神奇沟通法

有一个能让你变美的秘诀——善待他人。因为善待他人可以让我们散发出从容美好的气场，营造出融洽的氛围。

怎样善待别人呢？可以从身边最微小的关怀做起。

举个例子：

在平时的人际交往中，少用质问的语气，不要说："你听明白了吗"，最好说："我表达清楚了吗"。比如，当有人向你倾诉时，放下你的手机，把身体转过来，听听他的感受和需求，让他感受到被尊重。你还可以在一些特殊的日子向身边的人表示关心，比如当朋友过生日时，为他亲手写一张卡片，表示你的祝福。

美不是表象的，更多的美在于内涵，在日常的小事里善待他人，就是美的训练。美好的生活，就是从这些过程中享受你的生命、爱你的生活。

> **今日金句** | 爱那些善待你的人，忘记对你刻薄的人。

69 这样聊天，魅力爆棚

有些相貌姣好的女人，只要一张口说话就"破功"了，相反，还有一些女人长相虽然普通，但与她交谈你总是感觉很舒服。这就是会说话对一个女人魅力值的影响。增加魅力值的说话之道就是——给聊天准备养分。

不管与谁聊天，你得让自己有话可说才行。这当然不是一朝一夕就可以练就的，需要长期积累。虽然我们很难说哪个方法更有效，但有一个基本套路可以借鉴：

第一步，通过学习吸收知识养分。

第二步，把这些内容和自己的思想、经历结合在一起。

第三步，简洁地把它们表达出来。

即便生活满是柴米油盐的平淡，你也要抓住一切提升自己的机会，让自己散发魅力。你为之付出的努力，自然会在举手投足间显现出来。

| 今日金句 | 女人最可悲的不是年华老去，而是放弃自己。 |

70 眼睛会说话的人，运气肯定不会差

眼睛是心灵的窗户，通过眼神，我们可以表达难以言喻的微妙情感。千言万语只需轻轻一瞥，一切尽在不言中。如果两个人在沟通时，能加入眼神接触，双方都会觉得很舒服。

当你遇到自己喜欢的男生时，一定要主动尝试眼神接触，但要注意"冷热适中"。过多的眼神接触会让人感到不自在，维持在对方愿意接受的范围最合适。

方法是，先尝试与对方进行短暂的眼神接触，通过观察对方的反应，再决定是否继续对视。如果对方给予友好的回应，就延长接触时间；如果对方转过头或表示不自然，你就把视线转到其他方向，然后再转回来。

学会与人用眼神沟通，就能打开全新的沟通世界，享受更融洽的互动。

今日金句 | 学会用眼神鼓励人、欣赏人，人人都会记住你的温暖。

71 每天做这个功课，让你人见人爱

如果你想交更多朋友，享受人际关系的福利，只抱着随缘的心态是万万不行的，你必须把社交的功课提上日程，你的人际关系才会得到改善。

具体怎么做呢？其实很简单。

先列出你希望经常见面的朋友和熟人的清单，每天早晨看看这份清单，定期给清单上的人打个电话或发一个问候的短信，保持联络，或者干脆安排一次聚会。

要注意，不能生硬地把很久没联系的朋友叫出来，定期联系，持续不断的感情联络才能为聚会做好铺垫。这个步骤，每天只要几分钟就能完成，不会消耗你太多的精力。

每天为了同一个目标努力几分钟，总好过从来不努力或偶尔努力。日积月累，你就能为自己创造新的生活。

| 今日金句 | 成功不会因为你想要就实现，成功是因为你做了正确的事。 |

72 克服害羞，让机会不再与你擦肩而过

很多女生都非常害羞，可是现在竞争越来越激烈，需要交流的场合越来越多，在求职面试、商业谈判、聚会等场合中，害羞的劣势越来越明显。但实际上，每次害羞的经历都是一个很好的案例，只要你找到合适的方法，就能很好地克服害羞。

如果你下决心要克服害羞，你需要记下你害羞时候的情况，包括时间、地点、人物、事件、当时的反应、造成的影响等，然后对症下药。

比如，如果你在路上遇到认识的人没敢打招呼，那就要求自己下次脸皮一定要再厚一点。你可以对着镜子练习讲话的神态和语气，经过多次演练，你就会有底气，在实际场景中也不会怯场。

如果你能勇敢面对那些害羞的经历，不断反思和精进，就一定能成为闪亮的主角。

| 今日金句 | 向前走，笑的时候温暖，爱的时候勇敢。 |

73 这样安慰人，才是真的高情商

当别人需要安慰的时候，你是不是除了说"没事的，都会过去的"就找不到合适的办法了，于是只能眼睁睁看着对方的情绪愈演愈烈。

今天就给你分享一个方法——去行动。没有什么比实际行动更能安慰一个痛苦无助的人了。如果一个人陷入纠纷，你就帮他找来合适的律师；如果一个人失业了，你就帮他推荐工作，这些做法的效果是十分直接的。

当然，很多时候我们做不了这么多。但是，直接给他倒一杯热水比说"喝点热水吧"更有效；直接陪他度过漫漫长夜，比说"有什么需要我帮忙的尽管说"更有力量。

若是想真的安慰到他，做你能做的，不要停留在口头上。当然，有你陪着，再拙劣的安慰，相信他也会心存感激。

| 今日金句 | 无论学习什么，我们都要从行动中学习。 |

74 不知道怎么沟通？试着把对方当成你的情人

我们面对不太熟悉的人，有时会不知道该说什么，今天就教你一招——把对方当成你的情人来对待，这样会产生更好的沟通效果。

举个例子：

在参加酒会的时候，你看着自己仰慕的大咖，却不知道怎么打招呼，宁愿做个小透明。

但如果把对方当成你的情人呢？你会让好不容易遇到的男生就这么擦肩而过吗？那种想要搭讪的欲望，会让你萌生很多点子。比如，观察他的细节，揣测他的喜好，带着你最美的笑容上前搭讪，肯定能让对方心生欢喜。

不管在生活中还是职场上，如果你不知道如何交流，不妨把对方当成情人。想办法去制造惊喜，这样会大大激发你的创意，试试看吧！

| 今日金句 | 能真正爱上自己所做的一切，才是幸运的人。

75 巧妙验证对方的感受

在与人交往的过程中，我们常通过察言观色的方式来判断对方的态度和想法，甚至会直接问"你是不是不高兴了"。这样判断是非常主观的，对方可能会觉得你是个说话不留余地的人，使他反感。今天给你分享一个巧妙验证对方感受的技巧——描述、解释、请求。

先描述对方的行为，再做出自己的解释，最后请求对方澄清。

举个例子：

你发现老公最近回家之后都比较沉默，似乎有什么心事，你可以这样问："你这几天一回家就不说话，你是不是在生我的气啊？或许你只是觉得这段时间工作比较辛苦，你能告诉我到底为什么吗？"

用"验证感受"的方法提问，会让对方更愿意坦诚地说出想法，还能让对方觉得你是个贴心的人，赶快试试吧！

| 今日金句 | 如果愿意思考对方的立场，沟通就会变得简单。 |

76 让你更受欢迎的吐槽公式

吐槽就是指在日常的沟通中寻找有趣的切入点开开玩笑。适当地吐槽，可以拉近我们和朋友、领导、同事间的距离，成为他们眼中有趣的人，获得更多的机会。今天就给大家分享一个吐槽的公式——"不过+肯定"，也就是当别人对你说"我不行"的时候，用转折的技巧，把缺点变成赞美。

举个例子：

比如，同事对你说："我最近没怎么锻炼，又胖了好几斤。"这时你就可以回答："不过，公司的其他同事都说你是万人迷啊！"这样回答，同事会很高兴："嗯，虽然我胖了，但是颜值还在。"这个回答既俏皮，又肯定了对方，可以让气氛更融洽。

只要巧妙运用这个公式，就不用担心谈话会冷场，还会给朋友留下好印象，你记住了吗？

| 今日金句 | 幽默，是一种看待世界的方式。 |

77 先自黑，别人才会愿意与你聊天

在聊天时，最忌讳"拷问"别人，比如"你是做什么的""你打算什么时候生小孩"，这种咄咄逼人的问题会让人感觉很不舒服。想要把交谈进行得更深入，我们不妨换个方式。今天就给大家分享一个小技巧——"抛砖引玉"法。

也就是，先做一个否定自己的陈述，让对方感觉不到压力，然后再抛出一个开放式的问题。

举个例子：

如果你想了解周围朋友的婚恋情况，你就可以这样开启话题："我现在根本不想结婚，不想生小孩，可我爸妈天天催，都快烦死了，你想过什么时候结婚吗？你的爸妈催婚吗？你是怎么应对的，能教教我吗？"

这样，相信就会有很多人愿意告诉你他们的婚恋情况了。

把"抛砖引玉"法用起来，让交谈变得更亲切吧！

| 今日金句 | 想得到什么，就先分享什么。 |

78 想让别人答应你，话别说得太满

有时候我们想约朋友或心仪的男神出去吃饭，可是对方一直婉拒，该怎么说才能让对方答应呢？

其实，当我们想邀请对方参与一件事的时候，最常见的误区就是把这件事说得太完美、太诱人，以至于让对方产生很大的压力。

别人之所以会拒绝，不是因为他对聚会或对你没有兴趣，他可能只是害怕整个晚上困在饭局无法脱身。他的内心戏可能是"太多人要应酬可能会拖得很晚""早走会不会让大家很扫兴"。

所以你可以试着减轻他的压力，这样轻描淡写地说："今晚有个饭局，没什么事的话，一起去坐坐？打个招呼也好，你要是怕回家太晚就早点走，大家都很随意，完全没关系。"

这样说，对方就会很愉快地接受你的邀约了。

| 今日金句 | 不愿意做新的尝试，都是因为成本太大。 |

79 别人说你是大龄剩女，你可千万别入坑

我是个大龄单身女博士，可是总有人对我说："女人学历这么高，没有男人敢要"，该怎么回应呢？

面对这种刻板的印象，如地域、年龄、性别，不管你是气急败坏地怼回去，还是试图讲道理，都没有跳出对方的打击范围。难道面对歧视，我们就只能默不作声吗？当然不是，更好的做法是站在更高的层次，对其进行"降维攻击"。

最有效的说法是，简单地回应对方："你会这样想很正常。"

这句话的潜台词是，我跟你不是一个层次的人，你眼界比较低，我连反驳你都觉得没必要。这样，对方会觉得他没有戳到你的痛处，反而让自己落了个下风。

除了应对歧视，面对所有的不了解，我们也都可以用类似的方式应对。

> **今日金句** ｜ 层次高的人，才有不跟别人一般见识的心境。

80 夸人谢人，一定要"挠到痒处"

我们从小到大都被教育，别人帮了你要说谢谢，平时要嘴甜多夸人，但空洞的夸赞和感谢在很多人的口中都成了本能的反应，已经失去了它原有的作用。那么该如何恰当地表示赞赏和感谢呢？教你一招：针对他的美好品格进行称赞。

举个例子：

小张有一天兴奋地回家对老婆说，这是他工作几年来最幸福的一天。原来，这天老板把他叫过去说："我很欣赏你，你是我遇到的最善良的人。当其他同事忙得不可开交时，你总会帮助他们，即使那些不是你分内的事。"听到这些话的小张惊讶得不知说什么好，这种被在意、被赏识的感觉让他热泪盈眶。

赞美的话谁都爱听，但只有你真的了解他的美好品格，才能说到他的内心深处，要不然别人只会觉得你虚伪。

| 今日金句 | 比"呵呵"更可怕的是"谢谢"。 |

81 说话的方式比内容更重要

根据研究，我们说话的时候，只有 7% 的影响力来自说话的内容，而 38% 的影响力来自说话的方式。也就是说，语音语调比内容更重要。

那些语气好的人，总能在职场、情场如鱼得水。

如果你希望别人喜欢你，充分尊重你的决定，你在说话的时候就要避免以下几点：一是语气单纯稚嫩，二是语调太高，三是语速太快，四是带有负面情绪。

最好用相对成熟的语调说话，沉稳、严肃、自信、有节奏感。这样，别人才会通过你说话的方式重视你要表达的意思。

高效严谨地说出每一句话，修正自己的口头禅，让每句话听起来简洁、干练。不久后，你也能从内至外地散发独特的气场并展现自己的风格。

今日金句	你的话语越平和，你的期望便会越快实现。

82 巧妙接话，让你和任何人都聊得来

聊天时，在我们开启了一个话题之后，会有两种可能：一是对方滔滔不绝地说话，二是对方只做了简单的回应。如果对方话很多，那么恭喜你，顺利踩中了对方的兴奋点，这时你只需扮演一个倾听者就好了。

但如果对方惜字如金呢？你就需要主动多给对方一些信息，让话题可以继续下去。

举个例子：

有一次我想和一位先生聊特朗普，他却只是淡淡地说："我对他不太了解。"

为了继续聊下去，我说："我也对他没什么研究，但是我以前看过我们公司的美国老板和他的合影，那发型比现在还有个性呢。"

说到这里，我们都哈哈大笑，关系拉近了很多。

聊天是平衡的艺术，掌握应对技巧，有来有往，才会让对方如沐春风。

| 今日金句 | 人际关系像肌肉，多用才能更健壮。 |

83 找到合适的话题，让寒暄不再变尬聊

有些人的谈话喜欢从一些很大的问题开始，如"你对一带一路怎么看"，让人觉得很有压力。还有一些人总是围绕鸡毛蒜皮的小事打转，如"今天天气不错""你吃饭了吗"，这样的问题一般在得到礼貌性的回应之后就没了下文。

其实，我们身边可以引出话题的线索太多了，就怕你找不到。

比如，你走进客户的公司，看到了公司的 Logo，你可以说："你们公司的 Logo 设计得很有艺术感，背后有什么故事吗？"

在参加会议时，你可以先观察对方邻座用的装备，说："你用的是最新款的苹果电脑吧，我也一直想买，这款好用吗？"

找话题的能力不是天生的，它是一项可以习得的技能，如果经常做观察训练，你一定也会成为一个会找话题的聊天高手。

| 今日金句 | 懂得闲谈，是你的一笔巨大资产。 |

84 倾听：与所有人都能沟通的秘密

不少人都有一个误区，觉得在交谈中，充分凸显自己的优势才会受欢迎，其实不然。

我有一次参加一个培训，邻座的女士和我的朋友搭讪，我朋友说自己刚刚去了新加坡旅行，那位女士兴致盎然，让他好好讲讲这场旅行。他们愉快地聊了将近半个小时，后来我朋友对我说，那位女士是他遇到的最会说话、最有魅力的人。

事实上呢？那位女士在整个聊天过程中所做的不过是专注认真地倾听，在适当的时候表示认可，让我的同事尽情地讲述自己的旅行。

所以，不要把交谈当成一场比赛，而是尽可能地倾听，尽量问对方"你对这件事有什么感受"等。

真正的沟通，不是急于表达，而是从缓慢聆听开始。

| 今日金句 | 在你学会专注地倾听后，表达就变得不再困难。 |

85 你和情商高的人相比，差距在哪里

和情商高的人相处让人觉得很舒服，因为他们懂得用柔和的方式处理和表达自己的情绪。今天就教你一招："情绪灭火器"，即在你的话里补上三个"添加剂"，分别是感受、事实和解决办法。

比如，你的方案没有通过，你可以这样表达："这次方案我做得很认真，没有通过我很难过，我一定好好检讨方案存在的问题，尽快修正。"

如果不用"情绪灭火器"，我们一般情况下是这样表达的："我真是太差劲了"或"老板太讨厌了"，这样脱口而出的负面结论，会导致失望和痛苦。而使用"情绪灭火器"之后，会让你反思眼前的事，找到解决问题的方法。

当坏情绪出现时，全面地感受自己的情绪，才能有效掌控它。

今日金句 | 只有了解自己的渺小，才能达到高尚。

86 选什么话题最能与人拉近距离

很多人以为,能否维持聊天的良好气氛取决于话题本身精不精彩,所以就会在聊天的时候储备一些高级的话题,如古典音乐、商业趋势之类的话题。

其实,能激起别人聊天欲望的是"话题的共鸣性"。怎么寻找有共鸣的话题呢?

比起正面的事情,聊负面的事情更容易让人产生共鸣,比如从生活中的共同困扰谈起,这在心理学上被称为"负面优先效应"。"我老公各方面都不错,就是回家乱扔衣服,真是让人受不了!"你这样说,就很容易打开对方的话匣子。

除了伴侣让自己受不了的地方,单位的糟心事,你不喜欢的食物等话题也都很管用。

这个技巧不只适用于聊天时与人拉近距离,如果你想抓住别人的眼球、想让别人产生强烈共鸣,都可以用这个方法。

| 今日金句 | 脆弱的时候说出来,也是一种坚强。 |

87 克制是一种好的沟通习惯

很多能力很强的人容易在行为上特别不克制。比如，别人夸你会说话，你就滔滔不绝；别人夸你漂亮，你就非得艳压别人不可，这样很招人烦。

克制是情商高的重要体现，能够克制自己求胜、求美、求全的执念，才会评定心境，兼顾他人情绪。情商高，并不是圆滑世故，而是理解别人。

如何在沟通方面做到克制？在开口说话前，问自己如下三个问题：

第一，我说的话都是有事实依据的吗？

第二，我说的话都是出于善意吗？

第三，我说的话对现在的情况有帮助吗？

表情克制，就不会让别人误会你想表达的情绪；言谈克制，说错话的概率就会小很多；行为克制，就不会因太冒失而犯错。

最受欢迎的女人不是花枝招展的，而是顺眼舒服的，因为她们更懂得克制。

| 今日金句 | 漂亮可以夸张，美却是克制。 |

88 如何引导黄金谈话方向

每个人都有他痴迷的东西，一旦他被触动，就无法停止想表达的欲望，自然而然就拉近了与交谈对象间的距离。

这就是黄金谈话方向。怎样找到它呢？

对于重点交往对象，你应该多收集资料，通过网络、察言观色等方式留心留意，甚至可以把对方的朋友圈先翻一遍。此外，你可以了解对方的年龄，询问他的经历，并用公共话题试探。

比如，和老人谈养生，一定是不错的选择。

与同龄人聚会时，问其中两个人"你们是怎么认识的"也不错。

再有，一个最明显的特征是，他总强调的东西有可能是他最想谈的，这就是他的黄金谈话方向。

一个工作狂的黄金谈话方向就是工作，如果你想与他谈恋爱，想吸引他的注意，那就先从工作谈起，这样才有可能拉近距离。

| 今日金句 | 你为别人做了什么，便是为自己做了什么。 |

89 怎样发朋友圈树立优良的个人形象

朋友圈是你对大众开放的营销窗口。不熟悉的朋友如何通过朋友圈认识我们？朝夕相处的朋友如何通过朋友圈发现一个更美好的我们？这就需要我们在发朋友圈的时候设定目标。

比如，你想通过朋友圈让朋友看到一个有内涵的你，当你转发各种新闻时，你可以加上自己的独到见解。

再比如，你希望通过朋友圈让领导、同事看到一个敬业的你，那么深夜加班的灯光，周末参加培训班的留影，都可以拿来晒一下。

思考你的理想人生是什么样的，哪怕你只是希望让你暗恋的男生慢慢注意到你，这也可以成为目标。

朋友圈是对你在现实生活中的补充，你越用心，就越舒心，你不走心，就会丢失形象分。

| 今日金句 | 没有目标，人的潜能就无法表现出来。 |

90 提高吸引力，把你需要的人统统吸引过来

有的人可能会羡慕那些呼朋引伴的万人迷，但实际上，"受人追捧"并不等于"被人喜欢"。提高吸引力，不仅是为了看上去受欢迎，还要让别人真心喜欢你。那么，怎样才能让陌生人喜欢并帮助我们呢？有一个妙招：求助时站在对方的立场上。

在开口和对方说话之前，先问问自己他此时在想什么，有什么感受。如果能站在对方的立场上表述，会让人感觉被理解和尊重，甚至能起到扭转对方态度的神奇作用。

比如，向别人问路的时候，你可以这么说："抱歉耽误您一会儿，能麻烦您给我指个路吗？"这样贴心又礼貌的求助很难让人拒绝。

学会站在别人的立场上想问题，提高吸引力，方能让自己在遇到难处时获得更多帮助。

| 今日金句 | 爱是一个磁场，吸引一切美好的东西。 |

91 第一次去婆婆家如何留下好印象

很多人第一次去婆婆家都会十分紧张。今天就给你分享一个切入话题的好方法——从房间的陈设入手。

到婆婆家坐下来，你可以先环顾一下整个房间，看看有什么值得关注的，再说："您这个房间收拾得真干净，平时做家务一定很辛苦吧。"这样说，首先对婆婆表示了赞美，而且是讲事实不是说空话，她听了一定会很感动。

需要注意的是，可千万不要一上来就触及金钱等敏感话题，如果一上来就问："您这身衣服真好看，多少钱啊"就不太好。

另外还有一个讨好婆婆的小技巧，就是与她的动作保持同步，比如婆婆的手放在腿上，你也把手放在腿上，她捋一下头发，你也抬下手捋头发。

还有，记得全程保持微笑，你一定会给婆婆留下非常好的印象。

| 今日金句 | 在婆家老公当皇帝，在娘家自己当公主。 |

92 什么礼物更得婆婆欢心

今天我来帮你解开一个世纪难题：送什么礼物能让婆婆更开心？

送婆婆礼物，不要以为舍得花钱就行了，要把握好三个关键词：可穿戴，能炫耀，很实用。

首先要注意，别送鲜花之类华而不实的东西，送化妆品、保健品也要慎重，因为你可能并不了解婆婆的生活习惯。

最好的选择是送一些能让婆婆穿戴出去、能够让她的亲戚朋友看到、能炫耀的东西，如衣服、首饰等。

虚荣心谁都有，街坊邻居知道婆婆的儿媳妇来了，总会八卦几句，你家儿媳妇这次回来怎么样啊？给你买了什么了？如果这时候婆婆亮出穿戴的首饰、衣服，说"你看看，这是儿媳妇给我买的"那多有面子。

这时，她的幸福指数肯定远比这个礼物的价值高很多。

| 今日金句 | 最好的礼物，是更优秀的自己。 |

93 这件事，值得你花一生去做

我们做过的最愚蠢的事情，就是把最好的一面都留给别人，而把漫不经心的态度留给了家人。家庭生活像一座冰山，大部分人只看到露在上面的 1/10。关爱家人，就要善于在日常生活中发现他们的隐藏需求。

比如，当你每次心血来潮给婆婆买礼物时，有没有想过她是不是真的喜欢？或者你有没有意识到，有些东西爸爸妈妈不要，是因为舍不得。

怎样发现家人的隐藏需求呢？有个好办法：以自己为参照。

自己的需求和家人的需求肯定不会完全相同，但总有些是相通的。当你给自己买衣服的时候，想一想家人需不需要；当你出去玩的时候，想一想家人是不是也需要放松放松。

关注每个家庭成员的状况，发现他们的真实需求，才能有针对性地关心他们。

| 今日金句 | 你的成功，取决于你家里发生的事情。 |

94 幸福的家庭，少不了这个原则

俗话说，家和万事兴，家庭和睦对每个人都非常重要。但在实际生活中，家人之间难免会产生摩擦和矛盾，主要的导火索就是过于计较谁对谁错，而忘了去理解家人。

举个例子：

父亲在网上贪便宜买了假货，女儿一直抱怨父亲不听自己的话，一点也不顾及父亲的感受，结果肯定是大吵大闹。

其实，与其批评父亲买到假货，不如理解他没有网购经验，理解他对网购的好奇和尝试。家人的感情远比一件假货重要，理解家人远比计较对错重要。

你对了、占上风了，那又怎样？这不是比赛，不仅不会让你有成就感，反而还会伤害家人。为了避免自己与家人斤斤计较，伤害感情，请在关键时刻问自己一句：我对了，那又怎样？

| 今日金句 | 与家人不争对错，你赢了也是输。 |

95 婆婆问你什么时候生孩子，怎么回答

当回答婆婆提出的各种问题时，要记得，就算你不赞同，也要和她站在同一个立场，逞一时嘴快对你有什么好处呢？

婆婆最喜欢问的问题之一是"你们打算什么时候生孩子啊？"如果你现在根本就不想生孩子，该怎么回答呢？

你可以这样说："我特别喜欢小孩子，我们最近也在准备，要一个宝宝肯定是健康最重要啦。我们俩现在都在调理饮食，我自己平时一直在运动，小王也说他要开始戒烟戒酒了。"

这样说，没有正面回答什么时候生孩子，但让她觉得生孩子是有希望的，还成功地把责任推到你老公身上去了。

你说什么不重要，重要的是透过语言让婆婆觉得你和她是一边的。下次当你再遇到不知道该如何回答的问题时，也可以用类似的方法。

| 今日金句 | 不要去"容忍"，而是去"尊重"。 |

96 这样说，可以机智地应对亲戚逼婚

今天教你怎么应对亲戚逼婚。我们一定要树立正确的观念：父母、亲戚不是我们的敌人，他们脑中关于婚姻的落后思想才是，因此，千万不要一上来就直接怼他们。

我们要理解亲戚，很久没见了，他们只能没话找话，跟你聊聊恋爱婚姻的话题，表示亲热。

应对逼婚，在语气上要娇嗔可爱，方法则是延迟满足。

你可以说："我明年把对象带回来给您看看。别那么着急把我嫁出去，嫁出去了，春节就要去别人家过了，我想您了该怎么办啊。"

这样回答是不是比黑着脸回复"我不想说这个"更高明？

当然，单身也是一种生活方式，除了追求爱情，我们要在事业上有所求，有靠得住的朋友，有广的路子，做好理财计划，有格局、有态度，才有底气。

| 今日金句 | 心大的女人最好命。 |

97 对家人，永远把这件事放在第一位

谁都知道，做人要信守承诺。但人们一般会非常重视大的承诺，而往往忽视日常生活中对家人的小承诺，比如你记得"三天后交一份策划案"，但是容易忽略"明天给孩子买个玩具"这件小事。

《高效能人士的七个习惯》的作者史蒂芬·柯维的女儿辛西娅曾提过这样一件事：她小时候，有一次父亲答应和她一起夜游旧金山，但就在他们准备出发的时候，父亲收到了一位久未会面的老朋友的临时邀约，父亲对老友说："可惜今晚不行，辛西娅和我有一个特别的计划"。于是，这个旧金山之夜，成了辛西娅和父亲最珍贵的记忆。

对家人的承诺是头等大事，如果你不是真心想做，就不要随便答应，如果答应了却没办法做到，一定要向家人解释清楚。

| 今日金句 | 对家人耐心的人才能取得天下。 |

98 在婆婆面前，怎样保护私人空间

在婆婆面前，我们很难理直气壮地保护私人空间，比如婆婆经常喜欢到你家来，帮你收拾房间带孩子。如果我们说："妈，您不用天天来，太辛苦了"，这就很容易被她理解成不识好歹，让婆婆觉得你在嫌弃她。

但我们真的就不能保护自己的私人空间吗？那也不一定。更好的方法是提醒婆婆的责任所在："妈，您最好每天下午4点来帮我照顾孩子，因为这时候他精神特别好，可累人了。"

当一件事从"我要这样做"变成"我有责任这样做"时，人就会失去内在的驱动力，产生排斥情绪。

你这样说，也许刚开始婆婆还会兴致勃勃，但久而久之，她一定会找理由推诿。这时，你再反过来照顾她的感受，让她不用经常过来，这个结果是不是就好很多了？

| 今日金句 | 解决婆媳问题的根本方法，在于女性的自我成长。 |

99 和婆婆相处，做到这一点就行

国外有句谚语，叫"有了好篱笆，才能有好邻居"，意思是两个人如果想好好相处，需要有清晰的界限。

儿媳妇和婆婆刚开始相处的时候，就像两块边界不清的领土，两个需要长期相处的人越早建立清晰的边界，矛盾越少。

比如，婆婆非要去你家给你做饭，并不是想要侵犯你，而是因为你没有在一开始说清楚。此时你唯一能做的，就是坚定地拒绝。让婆婆知道你的界限在哪里是你的责任。

想让婆婆尊重你的界限，你也必须对自己界限中的事情承担责任。你要是不想让婆婆干涉带孩子的事，就得自己全权负责。如果将这部分责任交给了别人，也就不能怪别人按照他自己的想法去做。

要让别人清楚地知道你的界限在哪里，这是好好相处的秘诀。

| 今日金句 | 过度亲密不利于成长，每个人都应该有自己的边界。 |

100 和婆婆闹矛盾，怎么让老公站在你这边

当你和婆婆有矛盾的时候，肯定特别希望老公能站在你这边。要让男人听话，首先你得学会说话。重点是，少说"你"，多说"我"。

不要指责老公，不要说婆婆不好，也不要说"你必须按照我说的去做"。即使他照做了，心里也会有很多怨言。男人本来就不善于处理与女人相关的问题，一味地指责他，对你们之间的关系没有太多好处。

你要稳住情绪，不要爆发，撒个娇，多跟他说说：我受欺负了，我很委屈，我很生气……怎么说都行，关键是强调"我"的感受。比如，"我刚刚做了饭，可是妈说菜很咸，我特别伤心难过，你觉得我们该怎么做才能让妈更开心呢？"

这样说，就能把老公拉到你这边，他一定会帮你的。

| 今日金句 | 当你为爱情钓鱼时，要用你的心当作鱼饵。 |

第三辑
穿搭指南

- 春秋季穿搭
- 夏季穿搭
- 冬季穿搭
- 不同场合的穿搭
- 配色大法
- 弥补身材缺陷的穿搭大法
- 配饰穿搭
- 风格穿搭
- 时尚元素穿搭
- 穿搭小心机

01 这个简单易学的搭配，承包你一整年的时髦

今天给你分享一套适合多个季节，还能一键复制的搭配，让我们争取把衣橱里的冬装、春装、夏装一起利用起来，这套神奇的搭配就是：oversize（宽松版）西装外套+短一截牛仔裤。

这个组合简洁帅气不挑人，也适用于大部分非正式场合。

西装外套最好是选 oversize（宽松版）超大号款式的，风格上更休闲随性，对胯宽的梨形身材女士，更是十分友好。

牛仔裤选短一截的，因为相较于长款，在视觉上不会显得拖沓，而且会显瘦，有轻盈的感觉。如果你本身就有好身材，那么千万别浪费，这个组合穿起来，优势尽显。

至于内搭，懒人们请记住一点，选白色上衣准没错，不管什么款式、颜色的西装，都可以利用白色来过渡西装的正式感。

赶快去整理衣橱，搭配起来吧！

| 今日金句 | 胸怀广阔，是时尚入门的第一件衣服。 |

02 懒人也可以掌握的时髦穿搭大法

每天都要思考的"穿什么"简直是世纪难题，今天就来给你分享一个超实惠的穿搭法则——套装。套装的穿搭概念一直很流行，如经典的西装套装、简约的针织套装、复古的牛仔套装。选择喜欢的套装，搭配合适的打底衫，就能把1套衣服穿出好几套的感觉。

最常见的是T恤打底，这种穿法显得休闲、轻松，除了最基本的白色T恤，也可以选择彩色的T恤，给套装增加小亮点。

面料挺括的衬衫搭配简约的套装，是很适合平时上班的穿着。

软垂料的衬衫会弱化正式的感觉，让你显得更加有女人味。

再时髦一点的穿法就是搭配高领毛衣，保暖又好看，还能穿出高级感。

套装加打底衫的搭配非常丰富，喜欢什么风格的都可以找到对应的衣服来做搭配，还不赶快试试？

> **今日金句** ｜ 懒是一切堕落的根源，而能拯救懒的，唯有自律。

03 运动装这样穿，瞬间年轻 10 岁

谁不想被称赞年轻漂亮呢？今天就给你分享一个立竿见影变年轻的青春穿搭法——时尚运动风。

运动装舒适自如，对身材的要求也不高，能够将运动装穿时髦的诀窍，就是把握混搭原则，将运动单品与非运动单品进行混搭，既保留年轻活力，也注重修饰松垮的廓形。

运动装可以搭配休闲装，运动上衣与牛仔裤、短裙、彩袜都可以搭配，注重上松下紧的原则和整体色调的和谐。

运动装也可以搭配通勤装，适合较为宽松的工作环境，例如，连帽卫衣外搭配大衣、西装，常规职业上装搭配彩条运动裤与高跟鞋。要注意选择单品时以低调、无彩色为主，不要过于松垮，保持利落、干练的线条。

最后啰唆一句，想要真年轻，有时间还是得多运动，争取做一位内外兼修的明媚女子！

今日金句	习惯形成品质，品质决定命运。

04 最普通的白衬衫，怎么穿出惊艳感

白衬衫作为经典基本款，相信每个人的衣橱里都有那么几件。白衬衫看似普通，其实变化很多，如果不想穿得太正式，搭配方法就很重要。今天就来给你分享，如何把白衬衫穿出惊艳感。

如果衣橱里只有一件普通的白衬衫，你可以尽情发挥想象，如解开两个扣子当 V 领衬衫、挽起袖子创造随意感、在衣襟打结做法式衬衫，一下子就有了 3 件新衣。

在搭配的时候，衬衫和牛仔裤、短裙的组合可能会稍显平淡，这时候配饰就很重要，可以用墨镜、胸针、包等把穿搭变得更精致、特别。

中长裙搭衬衫则是另一种感觉，通常会显得你更加优雅，包臀裙、鱼尾裙、A 字裙、百褶裙，总有适合你的款式。

你还有什么搭配白衬衫的小妙招呢？希望今天的分享能给你启发。

| 今日金句 | 留白，也是穿衣服的一大艺术。 |

05 记住，卫衣一定要这样搭

卫衣是我们喜欢的百搭春秋单品。虽然卫衣号称怎么搭都好看，但一不小心也会"踩雷"，今天就来给你分享穿卫衣的正确方式。

上身的搭配，我们从内搭入手，最好选择下摆比较长的，与卫衣颜色不同的打底衫，形成撞色，增加层次感。

外搭配大衣的话，一定得是连帽卫衣，因为大衣和卫衣都是宽松款式，容易显得肩膀宽，连帽卫恰好可以修饰这一点。

下身搭配选择紧身长裤，对身材的要求不高，身材好可以穿短款卫衣露一点小腹肌，胯宽的话就选宽松的卫衣挡胯修饰。

同样对下半身比较友好的还有半身裙，遮肉、显高、显瘦，百褶裙、不规则裙、A字裙都是好搭的潮流单品。

怎么样，赶紧把衣橱来一次大整理，看看自己有哪些单品可以跟卫衣组成 CP（配对）吧！

今日金句	青春不是年华，而是心境。

06 一条牛仔裤，就是你的美腿神器

不知道穿什么的时候，穿牛仔裤总没错，这条裤子上得厅堂、入得厨房，而且有强大的美腿功能，今天就来给你分享该怎么挑选适合自己腿型的牛仔裤。

腿不够长的女士首选高腰裤，腰线绝对不要低于肚脐，把上衣扎进去，露出腰线，就能完美掩饰自己的小缺点。

最常见的"问题腿型"应该是 X 形腿和 O 形腿了。如果你是 O 形腿，阔腿牛仔裤就很适合；X 形腿则可以尝试一下喇叭裤，下摆散开能充分修饰腿型，隐藏不完美。

腿粗的女士可以用遮盖大法，选择宽松的牛仔裤，也可以在视觉上让下半身的体积缩小一点，最简单的方法，就是选择穿有大腿部位磨白效果的牛仔裤，就像给大腿打上了高光。

快去选择一条适合自己、版型好的牛仔裤，美美腿吧！

| 今日金句 | 潇洒，才是女人最烈的性感。 |

07 一件开衫，让你走路带风，惊艳全场

春季和秋季穿开衫，不仅可以保暖，还能通过简单的搭配，让我们美得很高级，走路带风，惊艳全场。

轻薄的短款开衫可以做内搭，也可以做外套，非常适合身材匀称、偏瘦的女士，下身可以搭配俏皮可爱的半身裙或牛仔裤。

中长款开衫的保暖性更好，也更富有变化。搭配T恤、衬衫、长裤，干净利落，很适合通勤。想要增加时尚度的话，可以搭配有设计感的单品，如破洞牛仔裤、印花长裙。

长款开衫的气场最强大，但如果搭配不好，就会显得非常臃肿、累赘，要注意去繁就简，内短外长，才能增加长款开衫的飘逸感。最简单的搭配就是白T恤、牛仔裤或轻薄的长裤，看上去会非常清爽。

开衫搭配是不是很简单？快快学起来吧！

| 今日金句 | 行走在世间，走路带风，脸上有笑。 |

08 毛衣+衬衫，春秋最经典的穿法

　　毛衣和衬衫都是我们的衣橱必备款，而将两者结合，却有 1+1 大于 2 的出众效果，直到今天，这个 CP 还是春季和秋季最不过时、最减龄的穿法，也是每个人都能驾驭的经典叠穿套路。

　　最为经典的是修身休闲叠穿法，毛衣和衬衫都一定要是刚好合身的尺寸。可以在袖口上做文章，如加长袖子、泡泡袖、花边袖子等有独特感的设计，会增添趣味性，更吸睛。

　　想要更加时髦的话，就选择 oversize（宽松版）的廓形毛衣叠穿衬衫，让人看起来更加不羁、慵懒，露出衬衫下摆更有范，怕显矮的话呢，就可以系一根腰带。

　　还可以大胆尝试花样叠穿法，把衬衫穿在外面，搭配高领毛衣会更好看。

　　这就是时髦好穿的毛衣+衬衫搭法，传承多年的基本款式与搭配，都是值得珍藏的衣橱经典。

> **今日金句** | 经典的奥秘，就是简单的坚持。

09 这件 99 块的秋衣，能搭配你整个衣橱的衣服

亮出我们今天的搭配主角——你一定有的黑色高领衫，可不要小看它，这可是保暖又洋气的秋冬百搭神品。

黑色高领衫作为内搭很实用，特别是对羽绒服、针织类的外套来说，很需要黑色来收敛膨胀的体积感。

修身的大衣、西装外套虽然不至于膨胀，但搭配黑色高领衫，能让造型更有层次感，效果完胜"光秃秃"的圆领上衣。而且黑色的确百搭，不管你的外衣是暗色还是明色。

黑色高领衫单穿的话，可以与连衣裙叠穿混搭，潮范十足又显瘦。搭配帅气的连体裤，会更显英气、有个性。

黑色高领衫搭配高腰长裤或长裙是最合适的，因为低腰会拉长腰身比例，要穿高腰，才会显高、显瘦。

学会了今天的小技巧，赶快找出自己压箱底的黑色高领衫试试手吧！

| 今日金句 | 我虽平凡如雏菊，也是造物主的精心造作。 |

10 一件牛仔外套，穿出明媚感

春季和秋季，都少不了一件牛仔外套，不过，牛仔外套有双面性，它可以很时髦，也可以很普通，要把经典百搭的牛仔穿好看，有什么小妙招呢？

最流行的穿法就是"不好好穿"，穿牛仔外套的态度要随性自然，才符合它本身的风格。所以当牛仔外套穿在古板的人身上，总会让人感到不合适。试试将牛仔外套随意穿在身上吧，如故意扣错扣子，营造一种不规则的时尚感。

最温柔的穿法是搭配裙装，削弱酷感，用薄纱、真丝等温柔元素搭配，能呈现一种冲突又妥协的矛盾美感。

最干净的穿法是搭配白色单品，牛仔外套的蓝与白色单品的纯净搭配，就像湛蓝天空里白云绵绵，清新自然，浪漫又洒脱。

精致的淑女气质和牛仔外套，可以混搭出一种文明的潇洒感，快去试试吧！

| 今日金句 | 你保持善良，就能做到得体。 |

11 T恤常穿常新的小技巧

一到夏天，不知道穿什么的我们往往首选 T 恤，搭上牛仔裤，简单、轻松就出门了。其实，我们可以通过一些小技巧，让整体造型看起来不那么单调。今天就给你分享两个可以用在 T 恤上的小心机："打个结""拉一拉"。

把 T 恤的下摆打个结，就能让 T 恤更加合身，造型更加亮眼。已经练出马甲线的同学，到了你晒出来的时候了。当然，没练出马甲线的同学也不要放弃，可以把下装拉高一点，只露一小截腹部意思一下就行，还很显高哦！

如果 T 恤领口偏大，还可以"拉一拉"，把领口拉下一边，当露半肩的 T 恤穿，日常这样露点肩，并不会很过分。

你还知道什么关于 T 恤的特别穿法吗？欢迎大胆尝试并和我们分享。

| 今日金句 | 一个人应该诚实，诚实而平凡，总比精彩而滑稽好。 |

12 如何挑选一条适合自己的小黑裙

说到经典不挑人的穿搭，非流行百年的小黑裙莫属。如此优雅还能彰显女性独立人格魅力的小黑裙要怎么挑选呢？

挑选的要领是设计简洁、有质感，注重配饰，还要挑选适合自己身材的款式。

苹果形身材的女士最好选择高腰小黑裙，或者用装饰物来修饰腰部。

梨形身材的女士下半身切忌过于贴身，A 型连衣裙、复古款的伞裙都是不错的选择，可以瞬间遮住宽胯和大腿根部的肉。

香蕉形身材的女士可以选择收腰款的伞裙制造腰线，或者干脆选择一条款式简单且足够宽松的小黑裙，将身材曲线藏起来，只露出纤细的四肢就好啦。

挑选小黑裙的技巧就分享到这里，希望大家都能找到属于自己的那条小黑裙，做个独立优雅又前卫时髦的女性。

今日金句	优雅是一种放弃，放弃色彩，放弃夸张，放弃炫耀。

13 走路带风的夏日穿搭，超美丽还能降温 10 摄氏度

炎热的夏天，难道就只能穿吊带热裤了吗？当然不！今天就来给你分享不露肉，也能凉爽不晒黑的夏日穿搭法则。

要领就是选择真丝、棉麻等轻盈的材质和宽松的设计，在走路的时候能起到鼓风的作用哦。

上装我们可以选择泡泡袖款式，这种夸张的设计也是手臂有肉的女士的福音，穿上视觉效果上立刻减重 10 斤。

飘逸的长裙也是不错的选择，下半身较为丰满的女士可以毫不犹豫地入手。

既不喜欢穿裙子又不想被裤子束缚的女生，可以选择阔腿裤，它最大的特点是提高腰线显腿长，随便搭配一件小吊带都超级美，这种设计也综合了裙子不粘腿和裤子不露底的优点。

怎么样，今天分享的清凉必杀技，你学会了吗？

| 今日金句 | 要时尚就趁早吧，因为你不知道未来的日子将如何。 |

14 怎么露肉，才能露出好身材

适当露出肌肤，清爽又性感，可如果露过了头，那就很没质感了，怎么露，才能显得俏皮、性感、身材好呢？

首先是微露香肩，尤其是露出漂亮的锁骨，既凸显女性肩部曲线，也能显瘦。肩部线条比较美的女士，可以大胆地尝试吊带，而一字肩，不仅能露出漂亮的肩，还能藏起手臂上多余的肉。

腰是上半身最纤细的地方，微胖、矮个子的女士最好是露一点腰，再把腰线拉高，就能拥有又显高又显瘦的身材。

也强烈推荐小个子女士尝试下半身失踪法，只遮住大腿根，没有其他遮挡，露出 100%的大长腿。对自己腿部线条不满意的话，可以试试高开衩的裙装，小露性感，又带点随意，最重要的是可以遮住不完美的线条。

展现恰到好处的性感的穿法，你学会了吗？

> **今日金句** ｜ 你若决定灿烂，身影也会美得让人惊叹。

15 吊带应该怎么挑，才能穿起来好看

炎热的夏天，大部分人不能抵挡住吊带的诱惑，但是吊带穿不好，很容易显得头大、肩宽，没关系，今天就来帮你解决这些小问题。

其实只要选对领子的形状，任何身材穿吊带都是可以的。吊带一般有 V 领、U 领和平领。

平领吊带显胸小，不想太暴露的女士可以选择平领款式。

想显得胸部丰满的女士选 U 领和 V 领就好啦。

至于穿吊带显头大的问题，其实是因为肩窄，这也可以抢救一下。

肩膀太窄的话，就穿细吊带，这样会露出更多的肩部面积，才会显得肩膀没那么窄。

同理，肩宽的妹子自然是穿宽肩带的款式，并且将肩带往两边拨，才会显得肩膀没那么宽。

了解自己并选择合适的装扮，才能越来越好。

| 今日金句 | 没有哪种气质，比真正地接纳自己来得更卓越。 |

16 白T恤+牛仔裤，简约却经典的组合要怎么穿

白T恤与牛仔裤是经典的万能内搭组合，搭配大衣、开衫、各种外套都很好看，干练、清爽又充满活力，我们只需要再掌握一点点搭配技巧，就能让你的造型焕然一新。

T恤衣领的选择很重要，要看衣领的形状与大小是否与自己的脸型和脖子长度相匹配。一般来说，如果你的脖子修长，脸型也不太圆润，可以选择开口比较小的圆领；如果脖子不够长的话，领口开大一些才会好看。

要是觉得白T恤有些单调，那么添加了字母的款式会更适合你，可以丰富造型的细节。

但如果你还是坚持要穿极简白T恤，不妨利用脖子处的配饰来起到画龙点睛的作用，更能彰显出你的好品位。

简约经典的搭配，稍微做下小调整，就能美出新高度。

今日金句 | 简约而不简单，才是美的最高境界。

17 T恤+半裙，最简单好看的CP

T恤和半裙是大部分人都有的单品，不知道穿什么的时候，干脆就把这两件基本款搭配着穿，绝对休闲舒适也好看，再记住下面几点，搭配起来会更得心应手。

腿型不好、腿不够细的女生记得选择蓬松的裙子，如外扩的A型裙就要比H型裙友好，穿这种蓬蓬的裙子时，上身要搭配紧身T恤，上紧下松不显臃肿。

灯芯绒、呢料、皮革这些比较"秋冬"质感的裙子，很容易显得沉闷，这时还是得靠搭配浅色T恤来解闷。

最后要记住，穿出细腰才清爽，不管怎么搭配，都要记得把你的T恤塞进半裙里，或者打个结，露出一点点腰身，才会让你的身材比例变好，不至于显得腰腹部臃肿。

学会这几个技巧，T恤和半裙的搭配就不会出错啦！

| 今日金句 | 用简约的单品，搭配出丰富，就是你需要建立的衣橱。 |

18 性感短裤的挑选法则

火辣辣的夏天，想要穿性感的短裤，就要从我们的身材出发去挑选。今天就来给你分享如何选择适合自己的短裤。

短裤的版型主要分为 H 型、A 型和 O 型。

H 型比较贴合腿部，所以适合双腿又细又直的女士，对于腿比较粗的女士来说，建议尽量避免这一款。

值得"腿粗星人"入手的是 A 型短裤，裤脚宽松的设计能够遮挡大腿的肉，尤其是高腰的款式，对打造大长腿有大好处。但如果有小肚腩的话，不要选择材质较硬的短裤，有褶皱、柔软质地的更适合你。

O 型短裤有点像灯笼的形状，裤脚宽松但收口处略紧，适合腿不够长的妹子，可以对双腿起到延伸和修饰作用。

以后再也不要因为担心身材不好而不敢穿短裤了，你完全可以选择适合自己的那一款。

| 今日金句 | 对自己有充分的认识，就很性感。 |

19 穿上这件衣服，一秒钟就能出门

出门前要想怎么搭配衣服，有时还真是挺累的，与其这么烦恼，不如选一件T恤裙吧，套上就能走的那种。很多女士对T恤裙有顾虑，担心显胖、太休闲、容易走光，今天就来告诉你怎样解决这些问题。

怕显胖可以突出腰线，系上腰带或者在腰间系上外套，就会显得很精神了。

想要防止走光也不难，最简单的，你可以在T恤裙里穿上短裤。还可以披上一件外套，既能防止走光又能凹造型。

如何将休闲的T恤裙穿出高级感？善用配饰很重要。例如，拿上与T恤裙色彩相呼应的包，再如，戴上一顶帽子，不仅能遮阳，也能为整体造型加分不少。此外，穿上高跟鞋，更能凸显大长腿哦。

使用这些技巧，穿上T恤裙就可以一秒出门约会，你学会了吗？

| 今日金句 | 活得自由，才能够掌握分寸。 |

20 不是随便穿条长裙就能当仙女的

炎热的夏天，还有什么比穿上一条仙女裙更美的呢？可是如果不注意搭配细节，可是仙不起来的哦。有一点是穿长裙时必须要注意的，就是——鞋子与裙子之间要有"透气感"。

首先要注意裙子的长度，不是说裙子越长越仙，如果裙子过长就会吞没整个人，变成"裙子穿你"的尴尬效果，最合适的裙摆位置应该是恰巧在脚踝上下。

还要注意搭配的鞋子，穿长裙时如果穿鞋底太厚的高跟鞋，或是那种把脚全都包裹上的鞋子，反而穿不出长裙的飘逸，让整个人看起来显得笨重。正确的穿法是穿纤巧的鞋子，并且裙子末端和鞋子之间露出几厘米的肌肤，这样才清爽不累赘，同时显腿长。

注意了"透气感"这个细节，相信你一定能把长裙穿得很美。

> **今日金句** ｜ 花时间把自己变成别人的样式，就是对自我的浪费。

21 显身材的裹身裙，不瘦该怎么穿

每个女生的衣橱里，都应该有一条能尽情展现自己风情与好身材的裙子，裹身裙当然是首选，但我们对裹身裙有着"挑身材"的刻板印象，其实，只要穿得对，略微丰腴的身材也能穿出裹身裙的精髓。

在材质上，要避开容易突出身材缺陷的缎面等反光材质，选择轻薄、舒适的棉质；在款式上，避开艳丽的印花，以底色饱和度不太高的款式为首选，才能让造型更显轻松、自然。

关于长度，不太高的梨形身材女士选择裹身短裙，才能更加利落时髦，因为裹身裙恰到好处的剪裁和腰线非常遮肉。而个子高挑、身材好的女士，当然能驾驭飘逸的长款，特别是开衩的款式，适当地露肤更显身材哦！

这样一条怎么穿都又美又瘦的连衣裙，还不赶快给自己准备起来？

| 今日金句 | 标准的身材，是一个人永久的"时装"。 |

22 夏天这样穿凉鞋,才能美美地露脚

我们都知道夏天穿凉鞋好看,但不少女士因为怕自己脚长得不好看,就对凉鞋望而却步。其实只要鞋子的款式选得好,穿凉鞋的时候就不会被脚丫子拖后腿。

很多同学最大的问题是脚宽,这是因为脚上肉比较多或是脚的骨架宽,这样一般不建议穿细带凉鞋。如果一定要穿的话,就一定要选择高跟的,如高跟款的细带凉鞋,可以把脚立起来,从侧面看脚部有个优美的"S"形线条,可以很好地修饰脚宽。在细带样式的选择上,斜带比一字带更显脚瘦。

修饰脚宽最简单、直接的方法就是遮,穿凉鞋不要露出大面积脚背,露出几个脚趾就好。

当然,精致的女孩穿凉鞋,也不能忘了涂上漂亮的指甲油。好看的凉鞋这么多,不要浪费了夏日的大好时光!

今日金句	当你是真实的,就是不俗的。

23 花裙子怎么搭，才能不土得掉渣

碎花单品真是一个让人又爱又恨的存在。总以为穿上能立马变仙女，结果一不小心就穿成了"小土妞"。怎么搭才能把碎花穿得洋气呢？

基本原则是：避免五颜六色全身大面积的密集碎花，拿不准颜色的时候就选素色。然后我们可以根据自己的身材选择穿法。梨形身材的女士可以用上身碎花搭配下身纯色 A 字裙，苹果形身材的女士则可以用小碎花搭配宽松版开衫。

大印花有膨胀感，微胖的女士最好选择小碎花，特别瘦的女士可以反推。穿衣搭配上适当露肤留白能减少碎花的斑斓感，降低失误率。

从肤色角度出发，暗色底碎花单品会更显白。

最后是关于鞋子的搭配，碎花单品搭高跟鞋容易穿出风尘味，那就换上一双小白鞋吧！

| 今日金句 | 不要因为害怕失去，而错过每一个春天。 |

24 裤子选不对，毛衣都白买了

毛衣，相信每个人都有几件，如何将厚重的毛衣穿出时髦感呢？今天就来告诉你毛衣的绝配——九分裤。

如九分牛仔裤，款式经典，穿着舒适，刚好露出最具女人味的脚踝，不仅与毛衣的搭配度极高，而且是人人都可以驾驭的搭配。

再如九分阔腿裤，与毛衣搭配时，可以拉长我们的腿部比例，但要切记上半身毛衣的款式不要太长。有型的毛衣和九分阔腿裤搭配，可以将腰部线条提高。

还有潇洒宽松的九分锥形裤，露出性感的脚踝，让你走路带风，帅气不羁，青春气息十足，非常适合下半身偏瘦的女士。

毛衣与九分裤是人人衣橱中都不可或缺的单品，两个普通的经典款式搭配在一起竟产生了如此耀眼的火花。赶快拿出压在箱底多年的毛衣尝试一下吧。

今日金句 | 形象是你的过去、现在、未来的总和。

25 掌握这个小技巧，冬季穿出高级感

在冬季，黑、白、灰似乎统治了整条萧瑟的大街，很多女士的衣橱一到这时就变成了直男衣橱。没关系，只要记住"巧用亮色"这个关键点，我们就能打破沉闷，点亮漫长的冬季。

因为黑、白、灰本身就是非常百搭的色彩，只要巧妙地在这些颜色中加一些亮色，相信我，你一定会成为人群中的焦点。我们可以利用一些亮色的单品来丰富整体的层次感，增加造型看点，也更加清爽、利落。

想要穿得高级，细节也自然不可忽视，巧妙运用配饰就能有画龙点睛的效果，如鲜艳的丝巾、帽子，都能为单调的黑、白、灰服装注入一股活力，瞬间提升整体造型的时髦度。

当整个世界都进入黑、白、灰时，记得巧用亮色，让自己脱颖而出。

| 今日金句 | 请不要在最鲜艳的年龄，穿的都是暗淡的颜色。 |

26 同样是羽绒服，这样穿显瘦 20 斤

羽绒服，简直就是吃掉好身材的时尚灾难，今天给你分享一个羽绒服穿搭诀窍，保暖又不显臃肿，就是——松紧搭配。

当外套过于厚重、臃肿时，下身要避免样式过于复杂的裙子，最简单的方法是搭配一条直筒裤，削弱负重感，又不会暴露腿部缺陷，建议选择九分裤，可以营造出一种腿很长的视觉效果。

也可以根据自己的风格选择休闲裤或运动裤，但注意不能过于宽松。

除了搭配，挑选版型好的羽绒服也很重要，矮个子女生尽量多选择一些短款；高个子的女生可以选择长度到脚踝的超长款羽绒服，但最好能系上一根腰带，将宽松的上身系出纤细的轮廓，就不会存在显胖的问题。

记住松紧搭配的原则，就能像韩剧女主角一样，又美又暖地过冬。

| 今日金句 | 冬天的种子，将在春天蜕变成绚烂的玫瑰。 |

27 这样挑毛衣，身材好又保暖

这世界上从不缺少"美丽冻人"的搭配方式，但那些疯狂的穿法，实际生活中很难实现。说起保暖，自然少不了毛衣，但怎么根据自己的身材挑选适合的毛衣，也是非常有讲究的。

宽松款和粗针脚的毛衣，适合上半身瘦小的妹子，但如果毛衣太过宽松，就在里面穿件保暖内衣，或者用轻薄的羽绒、西装背心来减弱臃肿感。平胸的人在选择毛衣时，推荐高领和圆领款式，不推荐 V 领款式，否则会有搓衣板的既视感。

上半身丰满的妹子，最好选择细针编织，不要选择粗针脚和紧身款，否则会显得整个人高大威猛。同样肥瘦的毛衣选择横纹，特别是在胸部，竖条纹理被胸撑走形的概率更高，横纹则不会有这种情况。

记住这些小技巧，赶快为自己挑一件合适的毛衣吧！

| 今日金句 | 愿你笑的时候温暖，爱的时候勇敢。 |

28 冬天把裙子穿得好看，你需要掌握这些技能

很多妹子喜欢在冬天穿裙子，毕竟与裤子相比，裙子更能修饰不完美的腿形，对任何身材都格外友好，而要在冬天把裙子穿得好看，也少不了一些小心机。

裙子和中长大衣是一对好搭档，优雅得体，很适合上班或是一些重要的场合，这个组合好看的秘诀是：外套和裙摆长度相差最好不要超过 10 厘米，长一点或短一点都可以。

除了大衣，上班时还可以尝试西装外套配裙子，这也是一个时髦、不出错的组合。担心 oversize 西装会把自己吞没的话，可以选择自带腰线的西装，让视觉中心保持在上半身。内搭最好选择短款，或者塞进裙子里。

搭配的鞋子最好选择长靴，让裙子遮住大部分靴筒，整体看起来会很轻盈。

当然在冬天，除了好看，最重要的是保暖哦！

| 今日金句 | 美丽，是我回击一切恶意的方式。 |

29 除了黑色打底裤,你还可以试试这些

秋季和冬季,当然少不了打底裤,相信基本款的黑色打底裤是所有姑娘衣橱中的标配。可总是穿黑色,难免厌倦,又不敢穿得太花哨,还有什么颜色的打底裤可以选择呢?

牛仔打底裤是个不错的选择,牛仔布料能有效修饰腿型,深蓝色也有显瘦的效果,搭配一件宽松的外套加上一双相似色系的鞋子,都能拉长腿型。

还可以试一下灰色、白色的打底裤,感觉比黑色清新很多,也比彩色和印花更百搭。

至于各种鲜艳的颜色,如果没有超高颜值和超模身材的话,还是不要轻易尝试了。

最后再来提醒你一个穿搭的雷区,身材不够好的话,切忌过紧、过短的裙子搭配打底裤,否则很难穿出高级感,要尽量选择 A 字裙等宽松的裙子。

今天分享的打底裤技巧,希望能帮到你。

| 今日金句 | 让爱,成为生命的底色。 |

30 冬季衣服别乱穿,记住这5个要点

寒冷的冬季,增添衣服是必需的,但是穿得多了显胖怎么办?其实想要保暖又能修饰身材,记住下面这5点就可以啦!

第一,内搭要贴身。紧身的内搭就像彩妆里的粉底液,底子要先打好了,后续的穿搭才是锦上添花。

第二,腰带要扎起来。没有小蛮腰不要紧,冬季靠一条腰带,就能伪装出小蛮腰。

第三,毛衣要够长够大。Oversize 版型的毛衣要够宽松才能不显胖,长款毛衣也要够长,否则比例失衡,会显得腿短。

第四,裤子和靴子要短一点,无论是直筒裤还是阔腿裤,请把它们通通变成九分裤,露出最纤细的身体部位。

第五,大衣要长一点。把长风衣或长外套"开怀穿",可以让你在视觉上"瘦成一道竖线"。

快快把这5点学起来,天气再冷也不怕。

| 今日金句 | 真正的礼仪,是以美礼敬生命。 |

31 职场女性穿衣升级必杀单品

在职场中，人们普遍会对于女性的专业能力有所怀疑，所以很多女士宁可穿得保守一些。不过在专业形象之下，我们仍然可以借助一些超级厉害的单品，来打破黑、白、灰的黯淡和乏味单调。

今天就给你推荐一款适用于职场的单品——裸色尖头高跟鞋。

为什么要穿高跟鞋？虽然平跟鞋更舒服，但5~8厘米的高跟鞋，能让体态更加挺拔。

为什么是尖头？圆头鞋会显得资历浅，尖头鞋有点小锋芒，会增加你的气场。

为什么是裸色？因为裸色几乎百搭，可以搭配任何裙装和裤装，而且会显得腿长。

最后再来一个温馨提示，要注意"前不露脚趾，后不露脚跟"，而且要选真皮，尽量买好牌子，这能大大减低你穿高跟鞋的辛苦程度。

| 今日金句 | 愿你披起战袍，穿着高跟鞋，越跑越美，越跑越强。 |

32 穿成这样去旅行，显高、显瘦，拍照上镜

出门旅行时该穿什么呢？舒适，显瘦还显高的穿搭到底有没有？当然是存在的！今天就给你分享一身非常适合出门拍照的搭配——露脐短上衣+阔腿裤。

这个穿法还可以弥补身材缺陷，非常适合上身瘦、下身胖的身材，阔腿裤遮肉，露脐短上衣拔高腰线显腿长。

想省钱的女士并不用重新购置上衣，用已有的衬衫打个结，露出肚脐，就可以做到类似的效果。

去海边玩的时候，还可以用比基尼替代露脐短上衣，这时候只要套上一条阔腿裤就可以大胆出门了，到了海边脱掉阔腿裤就能下海。

上衣搞定之后再来看看阔腿裤，长及脚踝比较适合大高个，身材娇小纤细的女士则可以选长度至小腿的裤型。

赶快打扮一下，带着愉悦的心情出门玩耍吧！

> **今日金句** 当你纠结于一件事到底该做还是不该做时，选择去做！

33 面试着装的几大原则

在面试中，正确的着装可以为你的专业能力背书，加上妥善的言行举止，更能提升你给人的第一印象。今天就来给你分享面试着装需要遵守的基本规则。

第一，面料上乘，平整光洁，不起褶皱，建议选择面料挺阔的材质，如西装。

第二，色彩沉稳，以中性色和偏冷色系为主，也就是黑色、白色、灰色、深蓝色、墨绿色等。

第三，款式简洁，Logo 大、图案复杂、装饰过多是大忌。

第四，剪裁合体，以合身为原则，不要过于紧身或宽大。

第五，细节完美，要达成干净、清爽的良好印象，还要有干净的发丝、淡雅的妆容，每一处细节都要足够完美。

记住这些原则，相信你已经对面试着装胸有成竹了，一定要从头到脚武装自己，360 度展现专业和优雅的形象。

| 今日金句 | 服装不能塑造出完人，但 80% 的第一印象都是来自着装。 |

34 相亲、约会怎么穿

在相亲或与心仪的对象约会时,很多人都希望通过外表给对方甜蜜一击。这时候,我们选择彰显女性特质的穿着才是明智之举。

其中,连衣裙是男性心目中最能反映女性气质的衣着,粉色当然是首选啦,小 A 字下摆、荷叶边等设计都能帮你展现清新又迷人的女人味。脚下请务必搭配简约、优雅的细跟鞋,而不是笨重的厚底鞋。

如果对身材很有自信,修身包臀款的连衣裙就是你的撒手锏,但在色彩选择上要务必从简,大方的黑白印花或纯色款式,能让你在展示好身材的同时,流露优雅的气质。

需要注意的是,哈伦裤等偏中性的单品,基本排除在直男的审美之外,低胸、透视等暴露的穿着也是大忌。

今天的小技巧学会了吗?这样可人的你,想不俘获他的心都难呢!

> **今日金句** | 自我形象,是我们如何看待自己的基础。

35 商务谈判或重要会议的穿搭

在商务谈判或是与客户会谈的重要会议中,参与者的仪表不仅代表个人,更是企业实力与企业文化的体现,因而对于我们的形象有极高的要求。假如你是主要发言人,一定要通过着装加强气场,使你的发言更加掷地有声。

增加气场的第一种方法是穿模仿男装的样式,如立马甲、西装外套、西服三件套等,打造"大女人"形象。三件套比起普通的两件套西装更为正规,通常只在高规格的商务场合中出现。

增加气场的第二种方法是将西装内普通的内搭衫替换为高领针织衫,这也是当下非常流行的时髦穿法。紧身款式、颜色素雅的高领针织衫,自带高级质感,不仅能很好地修饰女性身形,更能表现出成熟的风范。

除了美丽得体,不要忘了展示自己的气场哦!

| 今日金句 | 别让你的气场,拉低你的人生高度。 |

36 参加婚礼这样穿，好看又不抢风头

我们参加婚礼时，既不能喧宾夺主，又要表现你对于新人的尊重，着装时，合适的尺度拿捏尤为重要。

首先，要避免过于休闲的装扮，运动装、牛仔裤这些还是免了吧；其次，避免过于性感暴露的装扮；最后，要避免与新娘和伴娘雷同的装扮，千万不要穿一身红，或穿伴娘最爱的抹胸款连衣裙。

白色和蓝色是参加婚礼时最为合适的颜色，清新又不失优雅，背心式连衣裙、蕾丝材质的淑女风都是非常不错的选择，只要避免纯白色纱裙类，不跟新娘"撞衫"就无妨。

还可以通过金属配饰提升正式感，用一双小红鞋来点亮整体。

虽然我们是配角，"不能比新娘好看"，但只要保持低调和优雅，就算真的比新娘美也不失得体。

| 今日金句 | 得体与尊重，才是美丽的"通行证"。|

37 一衣多搭，轻松搞定一周商务差旅

如果出差一周，20寸的行李箱怎么可能放下一周的衣服呢？其实，不仅放得下，而且能保证每天不重样，并完美匹配各个场合。诀窍就在于一衣多搭，你只需要准备一条"十八般武艺样样精通"的衬衫裙即可。

衬衫裙可以单穿，走简约、利落的路线；也可以叠穿裤装，行动便捷又时尚。与客户见面时，就把衬衫裙作为西装外套的内搭。

在与客户喝下午茶或用餐时，把衬衫裙当成衬衫来穿，下半身搭配伞裙，凸显你的女人味；如果要参加小派对，干脆就把衬衫裙与一条系扣半裙搭配，又能演绎出不一样的风格。

经典的蓝白条纹衬衫裙和纯白衬衫裙，是你最值得拥有的百搭款式。

这就是一条衬衫裙搞定一周差旅装的方法，让你无论何时，总能轻松上阵。

| 今日金句 | 熬住时间，守住专业。 |

38 重要场合，怎样穿得不显摆又有面子

公司年会、商务晚宴、鸡尾酒会等正式场合，需要我们以晚礼服和偏浓的妆容出现，这些场合穿搭的关键词，是得体、尊重、仪式感。

如果是商务性质的晚宴，晚礼服的长度最好在膝盖附近，太短容易暴露，太长行动不便。小黑裙或是灰色、藏蓝色是首选，为了配合环境，夸张的珠宝、华丽的手包等奢华配饰也是必备的。

如果是公司内部的年会，你还可以有更丰富的选择。颜色没有特别的禁忌，带有闪光效果的印花裙装或小礼服都没问题。

对于一场以性感、前卫为主题的鸡尾酒会而言，紧身超短裙、金属亮片、背后镂空设计等充满性感意味的装扮则更加合适，并能使你在社交场合引起他人注意。

希望你能游刃有余，迎接各类场合的挑战。

| 今日金句 | 衣服再贵，也不如你的自由贵。 |

39 不懂色彩搭配,也能穿出高级感

色彩搭配是门学问,很多人对于色彩总有很多困惑。今天就给你分享一个不用费心思,还能轻松穿出时髦感的方法——同色搭配法。

最简单的同色搭配,就是从头到脚都是一个颜色,或是整套都是相同的印花。同色搭配最大的特点就是简约,给人特别干净、利落的感觉。想要看起来不那么死板,可以在服装款式上稍稍区别开来,时尚度会提高不少。

当然也可以用同一个色系中明暗不同的颜色去搭配,比如艳红+桃红,明黄+土黄,这类同色系间的变化可以体现出渐变的层次感,又不会显得单调乏味。

同色搭配法,超级简单且绝对不会出错,是每一个爱美又想省心的女士的必备技能。

| 今日金句 | 成为高手的过程,不是更放纵自己的过程,而是一个不断受到约束的过程。 |

40 穿对颜色，分分钟白两个度

我们总是用黑、白来界定自己皮肤的颜色，但其实皮肤是分冷、暖的，白皮肤分冷、暖，黄皮肤也是如此。找到自己皮肤的属性才能找到能让自己显得白的颜色。

鉴定的方法很简单，观察自己手腕的静脉血管颜色，蓝色的话是冷肤色，绿色则是暖肤色，绿色+紫色是自然肤色。自然肤色比较百搭，而冷肤色和暖肤色则需要谨慎选择服装颜色。

冷肤色的人，更适合冷色调，如薄荷绿、墨绿、浅蓝、浆果色、莫兰迪色等，饱和度越低的颜色越显高级，也更容易和其他颜色相配。

对暖肤色的人特别友好的颜色是珊瑚粉、橘红、姜黄、红色、酒红色等，提气又显白，自带青春活力。

天生没有白皙皮肤的女士，一定要注重衣服色彩的搭配哦！

| 今日金句 | 对自己认识不断加深的自信，才是对美丽最好的支撑。 |

41 最简单的黑白配，怎样搭才好看

最简单的黑和白，一直都是检验女人高级感的标准。可是这两种颜色因为穿的人太多，会很容易显得沉闷无聊。今天就来给你分享下，如何把"黑白配"穿出高级感。

性格温柔的女生更适合优雅的白色，最好采用"上白下黑"的搭配，保证白色占全身视觉比例的一半以上，"上白下黑"的穿搭，还有显瘦又显高的神奇效果。

有酷感的女生则应当把黑色元素往上半身集中，采用"上黑下白"的法则，尽量多用黑色，来显示你的与众不同。但黑色最大的问题是略显男性化，可以增加小 V 领或蕾丝、蝴蝶结这种女人味的元素。

无论哪种黑白配，最好用的配饰就是白白亮亮的珍珠，一对耳环或者一条项链，都是点睛之笔。

黑白配的高级美学，你学会了吗？

| 今日金句 | 经典，就是简单的坚持。 |

42 不会出错的撞色攻略

大胆的撞色搭配，总是能让人脱颖而出，但胡乱搭配往往会造成"车祸现场"，因此很多人都不敢轻易尝试，今天来与你分享不会出错的撞色攻略。

三原色和它们的互补色最适合撞色，如黄色与蓝色的组合、红色和绿色的组合都非常夺人眼球。如果不想显得太突兀，就选择降低颜色的饱和度，并且要禁止使用大面积的荧光色。

将相同色系放在一起撞色，是相对安全的做法。例如，同样是红色系或者同样是蓝色系，一轻一重，也可以制造层次感。

不太大胆又想尝试撞色的姑娘们，可以利用包、鞋子等配饰来进行撞色搭配。衣服占主色调，小面积亮丽的配件来为搭配加分，这样最不易出错。

掌握了这些技巧，明天大胆撞色出门吧！

| 今日金句 | 一艘船不该被一只锚所绑住，人生不该被某个期望所束缚。 |

43 如何驾驭好一身黑，拥有神秘气质

端庄大气、神秘优雅的黑色，是永恒的时尚经典。如果你想要香奈儿所说的那种"杰出的毫不起眼"的风格，就要好好考虑一下，如何让自己把一身黑穿得有声有色。今天就来给你分享几个黑色的搭配妙招。

一身黑，可以借助材质混搭穿出层次感，有光泽的皮革材质、华丽的丝绒材质、温柔的蕾丝材质、自然的棉麻材质……不同质感的黑色面料叠穿，就不会显得单调和无趣。

选择独特的裁剪、富有设计感的细节单品，也能够轻松改变黑色带来的沉闷。

还有一个方法是适当露一点皮肤，足以带来性感和气场，也可以让黑色显得更生动。

仅仅一个黑色，它所表达的内涵与魅力也是千变万化的，需要我们不断去发现、去探索。

| 今日金句 | 在朴素里释放神秘，是真正的吸引力。 |

44 选服装颜色还要看这个？被忽略的肤色秘密

色彩的饱和度是指色彩的鲜艳程度，我们每个人的皮肤饱和度也有差别——肤色越轻淡，饱和度越低；肤色越鲜艳，饱和度越高。肤色饱和度高的人，适合饱和度更高的颜色；肤色饱和度低的人，适合饱和度更低的颜色。

如何判断自己的肤色饱和度？很大程度上是由我们的肤质决定的。

低饱和度的皮肤，平整干净、光滑、颜色均匀，没有斑、痘等瑕疵。高饱和度的皮肤，表面不太平整，颜色不均匀，有毛孔粗大、黑头等问题，皮肤看起来没那么光滑。

拿不准的同学，可以偷偷拿自拍照和你认为皮肤好的朋友对比一下，就能知道自己皮肤的饱和度了。

大家在选择穿衣颜色的时候，要记得看看自己的皮肤饱和度哦！

今日金句	吹毛求疵的人在天堂也能挑出瑕疵，安心的人在哪里都可以过得很好。

45 一身红，要怎么穿才能艳而不俗

在众多色彩中，能担当得起"惊艳"二字的，就是红色。它热烈、娇媚、婀娜，让美人们趋之若鹜，今天我们就来分享普通人驾驭一身红的秘诀——在搭配上做减法。

如果全身上下都包满红色，让人分不清哪里是重点，这种用力过猛的穿法，在日常会很尴尬。

可以适当露肤，用自身的肤色做减法，清爽又自然。佩戴的首饰也应该尽量简洁，通常一袭红裙只配一款首饰就够了。

在搭配鞋子、包等配饰的时候，也可以用低调的中性色做减法，如搭配黑色、白色的鞋子和草编包。

在穿一身红的时候，我们妆面的色彩也要清淡，如唇色要选择裸色，才会有艳而不俗的高级感。

只要合理搭配，再平凡的面孔，也能用红色穿出属于自己的高光时刻。

| 今日金句 | 当你不再逃避时，你就有了真正的热情。 |

46 肤色特别黄，穿什么更好看

都说一白遮百丑，皮肤黑、黄就一定不好看吗？其实只要搭配得当，任何肤色都可以散发迷人的美。对于皮肤黑、黄的女士来说，最重要的是要穿得显干净、显健康，那么什么颜色更合适呢？

穿白色的话就选择暖白色，偏暖色调的白色，如豆腐白、米白色、象牙白，比冷白色更适合亚洲人的肤色。

黄皮肤还适合各种明度高的鲜艳颜色。很多皮肤黑、黄的女士都不太敢穿艳色系的衣服，其实暗色系，如墨绿色、酒红色、土黄色、不纯的黑色等，穿上会更加显黑，给人一种衣服把人淹没的感觉。而艳色系则不仅可以提亮肤色，而且时髦度还很高，特别是蓝色，是所有颜色中提亮肤色效果最好的。

肤色不完美不要紧，只要你多去尝试，你一定会知道什么颜色是最适合你的。

| 今日金句 | 健康，是美丽的起点。 |

47 黑色一定显瘦吗？不

一说起有哪些色彩显瘦，99%的同学们都会说：黑色！

黑色显瘦的观念深入人心，其实真相是，黑色看起来会有更多的重量感，黑色物体容易看起来比实际重，轻盈不一定显瘦，但是笨重，一定不显瘦！

小面积的黑色可以达到收敛视线的效果，而一旦超过了某个面积界限，黑色的重量感就会占上风，所以，不建议大家包裹一身黑来显瘦。穿一身黑会拉低重心，更显笨重、显矮，浅色才会更加轻盈显瘦。

利用黑色显瘦的最好方法是深浅配色，例如，黑色作为外衣或内搭，内外衣服的色差越大，越容易形成视觉的纵向线条，从而达到显瘦的效果。

我们在选择颜色的时候，更应该考虑色彩是否和自己的气质契合，不要被禁锢在"黑色显瘦"的牢笼里。

| 今日金句 | 形象不是"穿"出来的，形象是"活"出来的。 |

48 粉色怎么穿，才能不俗气

有着一颗少女心的你，一定喜欢粉色，可是这个颜色挑不好就会显黑、变土，今天就来给你分享最简单的粉色穿搭法则。

首先，穿不出粉色的味道，很可能是因为选错了粉色，高饱和度的艳粉色穿在欧美模特身上虽然好看，但是不适合亚洲人，我们应该选择饱和度低的淡粉色。

粉色服装的搭配要遵循"粉色极简"原则，也就是说，选择完全不带花样的淡粉色单品，并用黑、白、灰这样的极简色调来做搭配，提升气质，肯定不会出错。粉色搭配白色、灰色，凸显温柔甜美的感觉，搭配黑色则能穿出帅气风格。

另一种合适的搭配是牛仔色单品，两种清新色系的碰撞，将甜美的年轻活力放大百倍。

你看，只要搭配得当，粉色是不是从来就跟"俗气"毫无关系？

| 今日金句 | 穿最张扬的颜色，走最自信的路。 |

49 显瘦 10 斤的搭配，就靠它啦

有技巧的穿搭，是扬长避短、提高颜值的最简单、最省钱的套路。今天就给大家分享一个不挑身形，绝对显瘦的穿搭公式——高腰阔腿裤+V 领上衣，只要照着穿，绝对显瘦 10 斤。

很多微胖的女士都觉得小腹不够平坦就不能够露腰，于是选择没有腰身的衣服。其实女生的胸部以下有一小块区域，是最细也是最平坦的，选择比较短的露脐上衣刚好可以露出这部分，再加上高腰的阔腿裤挡住小肚子和大象腿。不仅不会显胖，反而有型又显瘦。

V 领上衣，则能拉长脖颈比例，适当露肤让脸看上去更小。

如果手臂有肉的话，一定要搭配宽松外套、防晒衫或者雪纺西装，都可以帮你挡一挡胳膊。

这样穿，尽显你曼妙的身材，赶快试试吧！

| 今日金句 | 知道自己没有足够的漂亮，其实是转变的开始。 |

50 小个子也能穿出 1 米 8 的"大长腿",分分钟显高的小技巧

到底该怎么穿,才能拥有不显矮、细腰、大长腿一样都不少的视觉效果呢?今天给你分享几个小技巧,小个子的女士赶紧记下来!

首先要注意裙子的长度,过膝的裙子最显矮,想要有拔高的视觉效果,最好穿短裙,选择长裙的话,最好是长及脚踝的。

至于长裙的样式,当然是 H 型长款的包臀裙,因为瘦长的包臀裙比蓬蓬的伞裙看上去更加修长。

穿其他的衣服时要注意打造高腰线,短裙、牛仔裤、连衣裙,都要选择有高腰线的款式。

衣服本身没有腰线的话可以借助腰带,无论是长裙、长款毛衣、风衣还是西装,有了腰带的加持,视觉效果就会瞬间提升。

赶快行动起来吧!记住,"矮"绝对不是你不能变美的理由。

| 今日金句 | 持续追求心灵的高度,你会越长越高。 |

51 掌握这些小技巧，平胸穿出曲线感

胸部不丰满的女士穿衣服的烦恼，主要在于胸前没有曲线，撑不起漂亮的衣服，其实，只要选对款式，任何胸型都可以把衣服穿得很好看！今天就来给你分享平胸穿搭的两个思路：一是在胸前加戏，二是转移视觉重点。

平胸的女士，适合加一些胸前修饰很多的衣服，会增加分量感，所以可以选择一些胸前有蓬蓬的装饰或是荷叶边的款式。还可以通过叠穿实现分量感，如很流行的吊带外穿，简直就是平胸女士的福利。

再有就是要巧妙转移重点。穿衣服的时候要学会取长补短，强调自己比较好看的部位。这样别人就只会注意到"你的腰很细"或者"你的腿好长"，而不是"哇，你胸很小"。

今天的小技巧，希望可以帮到你哦！

| 今日金句 | 相较于直线，曲线构成的生活更有弹性。 |

52 谁说微胖女孩穿衣不时髦？这几招教你穿出高级感

你有没有嫌弃自己胖，穿什么都不好看？丰满的身材该怎么穿才显瘦呢？今天为你圈出了3个小重点，赶紧记下来吧！

第一，整体要合身不要宽大。有些妹子为了遮盖身材，总喜欢穿松垮宽大的衣服，其实这是一个误区，宽大的衣服只会显得整个人粗壮臃肿，选择合身或收腰的款式，显瘦效果才会加倍。

第二，下半身要宽松。下半身偏胖的话，就要拒绝一切紧身裤，阔腿裤、烟管裤、长裙、A字裙才会更友好。

第三，适当露肤。不要总是想着遮住，适当露出身体最为纤细的部位，如脖子、脚踝、小腿、腰部，看起来才会更显瘦。

今天总结的点都记住了吗？要学会扬长避短，穿出自己的风格，就算微胖也一样会很美。

| 今日金句 | 保持最初的天真，纯真的心性能让女人看起来更年轻。|

53 4种身材，如何用大衣穿出完美身形

不同版型的大衣穿在不同身材的女士身上，效果大不相同。所以，要了解如何根据身材选择适合自己的大衣。

我们把女士的身材分为四种，分别是沙漏形身材、苹果形身材、梨形身材、香蕉形身材。

沙漏形身材前凸后翘，对于版型没有太大限制；其他三种身材的女士，则要慎重挑选。

苹果形身材的女士上身丰满，选择膝盖以上的大衣，露出纤细的双腿，无领大衣、单排扣修身大衣、斗篷大衣都很合适。

梨形身材的女士需要选择上身宽松、有层次感的大衣来弥补窄小的上身。大翻领大衣、连帽大衣最适合你。

香蕉形身材的女士没什么曲线，可以选择到脚踝的长大衣和收腰大衣，穿出超模感。

| 今日金句 | 冷天也一定要美丽，这美丽使寒冷成为风景。 |

54 阔腿裤搭配小技巧，胯宽、腿粗统统不见了

宽松阔腿裤，可以说是粗腿的女士们人手一条的显瘦神器。虽然宽松的阔腿裤确实能把我们粗粗的大腿遮住，但一定要懂得怎么穿，才能真的穿出显瘦、好看的效果。今天就来给你分享三个阔腿裤的搭配关键点。

第一个关键点：搭配长开衫。如果你是梨形身材，不妨试试搭配一件长开衫，不仅能遮住宽大的胯部，还能拉长全身的整体线条。

第二个关键点：搭配腰带。腰带能够从视觉上改变你的上下半身的比例，让腿看起来更修长。

第三个关键点：把上衣扎进裤子。穿宽松阔腿裤，一定要把衣服扎进裤子里才能显腿长，再把衣服拉出来一点点，遮住裤腰的部分，这样会看起来更自然。

下次再穿宽松阔腿裤，一定要记得这些关键点哦！

| 今日金句 | 认真过生活的自己，最笃定、最美丽。 |

55 看脸型，选穿搭，选对显瘦 10 斤

很多姑娘对于自己的身材适合什么样的衣服非常了解，但有一个细节很容易被忽略，那就是领口对脸型的影响，领口与脸很接近，一个合适的领口可以衬托出自身的好脸型。

圆脸的女士记得领口一定要大。小领口、中高领之类，会在视觉效果上放大你的脸，最好穿 V 领或翻领的衣服。

方脸的女士不要穿高领和细领口衣服，穿错了脸就会显得又短又宽。除了 V 领，还可以考虑方领，自带复古感的方领和端庄的方脸是完美的搭配。

本身脸比较长的女士如果再穿 V 领，或领口开得低的衣服，会有下巴无限延长的错觉，一定要慎选，而小圆领则会对长脸的女士释放无穷善意。

以后买衣服的时候，一定不要忘了考虑自己的脸型哦！

| 今日金句 | 好的品位，首先需要"选择"和"判断"。 |

56 这款裤子，是粗腿的人的救星

今天要给你分享一条很厉害的裤子，专治腿粗、腿短、腿不直，没错，就是——拖地裤！这种能拖到地上的裤子，它的长度等于变相延伸了腿长，再加上高腰设计，会显得腿非常长，而且 120 斤活生生被显成 90 斤的节奏！

西装质地的拖地裤略有正式感，搭配休闲 T 恤，再合适不过了，怎么穿都不出错，再踩一双高跟鞋，立马气场全开！

任何宽松的裤子搭配短背心都一定好看，拖地裤也不例外，这也是把身体比例调整到最佳的穿法。

如果要上班穿的话，可以将拖地裤搭配衬衫，高级、简洁、大气，适合职场，既能知性优雅，还能帅气潇洒哦。

怎么样？今天分享的裤子还喜欢吗？身高不够，穿搭来凑，赶快把拖地裤穿起来吧！

| 今日金句 | 潇洒不是逃避，而是选择拿起，然后放下。 |

57 忽略这个小地方，看起来胖 10 斤哦

很多人说，脚踝是女人最性感的地方，脚踝纤细，才是标准美腿，而脚踝粗，整个人都会看起来胖胖的。

如果是天生粗脚踝，要练细不是一两天的事。不要紧，我们可以通过简单的穿搭术，让粗脚踝没那么引人注目。

首先要选对鞋子，细脚踝说有就有。抛弃平底鞋，换上尖头高跟鞋，小腿的线条就会立刻被拉长，一秒显瘦。天冷一点，短靴就是粗脚踝星人的救星，遮住脚踝，根本看不出胖。

我们也可以采用下装遮肉大法，穿上长裙或长裤，把脚踝藏起来。

脚踝粗，很多时候是水肿造成的，长时间久站、行走、作息不规律等，都容易导致血液在脚踝内积聚，出现水肿。除了穿对衣服，平时也要注意运动和健康饮食，练出细脚踝。

| 今日金句 | 健康，是最好的"塑形师"。 |

58 遮小肚子的秘诀，全在这里了

很多女士的身材很匀称，但唯独有圈小肚子，没关系，我们可以用穿衣技巧来掩饰，关键的秘诀就是——把握松紧平衡。

一身紧身衣当然碰不得，但是全身都过于宽松也不好看，小肚子虽然遮住了，却完全失去了曲线美。上下身衣服一松一紧才最显瘦。

例如，下装穿了紧身裤，上装就不要再穿紧身衣，换成宽松的上衣才不会暴露小肚子。

反过来，如果你穿了紧身的上衣，就要靠宽松的下装来藏小肚子。

梨形身材的女士，可以参考上紧下松的搭配，让紧身衣勾勒上半身曲线，宽松的裙子负责遮肉。

如果觉得自己上半身有点壮的话，可以换成修身型的上衣，优雅又得体。

只要你会挑、会穿，完全不用担心小肚子凸出来的尴尬。

> **今日金句** 把自己的身材看成"缺点"还是"特点"，取决于是否拥有感恩生命的心。

59 巧妙利用错觉，穿出显瘦效果

显瘦，一直高居我们审美需求的榜首，今天就给你分享一个神奇的着装魔法——长款穿搭，可以实现立竿见影的视觉瘦身效果。

竖放的长方形，看起来要比同样的长方形横着放更加细长。也就是说，同样的形状，竖着要比横着看更显细，运用这个原理，可以通过在身体上制造纵向线条，来达到显瘦的目的。

长款针织开衫与长款大衣就可以制造这种效果，长款外套需要敞开穿，比系上扣子更显瘦，因为外套与内搭之间会有两条非常明显的纵线，外套与内搭的颜色明暗相差也要大，分界线才够明显。

长款围巾、长款项链，也有纵向的拉伸效果，能够起到既显瘦又显高的作用。

这就是令你看上去更瘦的视觉魔法，赶快运用起来吧！

| 今日金句 | 只有美丽的美丽太过易得，美丽+智慧才能真正让你被看重。 |

60 小腿有肌肉，应该怎么穿

很多女士平时都喜欢跑步，但是不正确的跑步姿势容易导致小腿变粗。小腿有肌肉的话，下半身到底穿什么才能扬长避短呢？

最好的选择是——烟管裤。烟管裤采用西裤的布料，颜色多以黑色为主，上宽下窄但不紧贴腿部，长度刚好露出脚踝。这款裤子可以完美修饰腿型，无论是小腿有肌肉，还是大腿太胖，都可以穿出显瘦的效果。

烟管裤配上西装外套和高跟鞋，你就是职场精英。如果日常搭配休闲鞋和凉鞋，也能穿出时尚感。

选择喇叭裤也不错，但常见的喇叭裤对大腿线条有一定要求，不能过胖。

穿裙子的话，就选择偏文艺的半身长裙，无论你小腿肌肉有多触目惊心都能遮住。

不要因为自己身材某些部位存在缺陷，而放弃让自己变美的机会哦！

| 今日金句 | 是你在选择服装，而不是服装在挑你。 |

61 除了露脚踝、高腰线，还有什么显高、显瘦的技巧

小个子的女士想要显高、显瘦，除了千篇一律的高腰线、露脚踝、高跟鞋，我们还能利用哪些搭配技巧呢？

最好的办法是同色系内搭，营造出视觉延伸效果，各种连衣裙、衬衫裙、简洁的一件式套头裙，都是拉长你身高的宝物。

选择利落的、臀部以上的短外套最显高，能在视觉上缩短上身长度，更好地划分身材比例，配上高腰裤装或裙装，显高10厘米也没问题。

小个子的女士就不能驾驭中长款大衣吗？长度选对了就没问题。刚到小腿肚的大衣，能够拉长我们的小腿比例，显高、显瘦，但不建议选择全黑色大衣，因为黑色大衣延伸效果差，驼色、灰色和雾霾蓝都是不错的选择。

只要运用好搭配技巧，小个子的女士能穿出高挑和气场，驾驭更多风格哦！

今日金句	昂首挺胸，好像赢了一样。

62 为什么你穿高领没脖子，别人却能显脸小

高领毛衣是秋冬不可缺少的明星单品，时髦与温暖兼备，可是美丽的天鹅颈不是人人都有的，很多女士害怕高领毛衣"没脖子、显脸大"，今天就来为你解决这些烦恼。

怕脸大，就选超大的领子，因为有对比才能显脸小，超大的领型不仅能盖住脖子，你的脸也可以躲进衣领里，遮住不完美的脸型。

怕脖子粗，选择贴颈的高领才是王道，笔挺的高领能彰显出脖子的纤细。

还有很多人觉得高领毛衣显胖，会让上围突出，身材变得臃肿不堪，其实，只要选择细密针法的宽松高领毛衣，就完全不必担心这一点。上宽下窄的搭配方法也能显瘦显高挑，外套和下装要尽量选择修身的款式。

既然高领毛衣这么好穿又实用，还不赶快入手一件，美美地过冬？

| 今日金句 | 自己变美了，世界也变美了。 |

63 身材有这样那样的问题，如何挑选泳衣

去海边度假的时候，一件好看的泳衣总会给你带来满足感。身材不完美的人，该如何挑选适合自己的泳衣呢？今天全都帮你总结好了。

手臂粗怎么办？最简单的方法是穿长袖、半袖、泡泡袖的泳装，把"拜拜袖"藏起来。

腿短怎么办？提高腰线、拉升视觉比例是黄金法则。建议大家购买高腰+高开衩的分体泳衣，显瘦又显腿长。

腿粗怎么办？高开衩的连体泳衣效果就很好，它会拉长腿部线条，让你显瘦很多。至于保守些的女士，可以选择腰线高的小 A 字裙泳装。

腰腹部有肉怎么办？择弹力比较强、腰间有特殊设计的款式，将肉紧紧锁起来就好啦。

赶快照照镜子，认真审视一下自己的身材，了解自己，才能选到合适的泳衣。

| 今日金句 | 智慧和优雅，才是应该尽最大可能裸露的地方。 |

64 选对高跟鞋，让你舒服又美丽

女士穿上高跟鞋，就有了一种将全世界踩在脚下的气势。今天我们就来分享，如何挑选一双既适合自己又能凸显气质的高跟鞋。

首先，选对高度。3~5厘米的基础级高跟鞋，适合日常外出和通勤。5~7厘米的高跟鞋，是最为美丽的高度，修饰腿部线条，突显窈窕。8~15厘米或更高的高跟鞋，适合舞会、演出等场合，散发着极强的异性吸引力，但并非所有人都能驾驭。

其次，巧选款式。细跟最能凸显女性风情，是出席晚宴等华美场合的必备武器。

厚底粗跟给人稳重干练、大方得体的印象，是职场女性的首选。

想要更青春活泼，可以大胆地尝试锥跟鞋，这个款式综合了细高跟和厚底粗跟鞋的优点，风格百搭，是每个女士必备的一款高跟鞋。

| 今日金句 | 当你需要展现最完美的自己时，高跟鞋可以助你一臂之力。 |

65 谨慎选靴子，"气场两米八"

靴子是增加女性气场的利器，很多人觉得靴子百搭又美腿，但如果不仔细挑选，会让形象大打折扣，今天就来给你分享选靴子的小技巧。

首先要讲究协调。中性色和深色的靴子，搭配深色系的衣服，浅色或艳丽颜色的靴子，要有同色系的上衣或配饰相呼应。上下的比例也要协调，如果上衣很臃肿，再配上一双细小的靴子，就会显得头重脚轻。

其次要结合腿型。如果你的个子不高，不要选择刚好到小腿肚下方的靴子。如果你的小腿粗壮，就抛弃那些紧紧箍着双腿的弹力皮靴。如果脚踝粗、腿肚细，应该选择短筒、喇叭口靴这类上方收口呈圆形的靴子。要结合自己的腿型，扬长避短。

记住这些小秘诀，你也能轻松将靴子穿出品位、穿出自信。

| 今日金句 | 我有自己的节奏，在永恒的鼓点里，走出人生的舞步。 |

66 单品选择的时尚技巧

除了基本的穿搭方法，对单品的选择也有一些时尚技巧。今天来说说常被我们忽略的两个重要单品：眼镜和袜子。

眼镜是穿搭中的主力单品，因为交谈时，对方会盯着我们的脸看，价格低廉的眼镜、过于鲜艳夸张或镜框过大的眼镜都不合适。根据材质不同，有塑料镜架和金属镜架，前者给人的印象温和，后者给人的印象则略显严肃，可以根据场合来选择。

再来说说袜子，当我们坐下时，袜子就会进入对方的视线。由于袜子属于面积较小的单品，如果你想体现自己的时髦，袜子是最好的展示工具，不如多花点心思。

除了眼镜和袜子，饰品也是穿搭中的好点缀。饰品的选择注意不要过于惹眼，精致低调的小胸针、纱巾、手镯、项链都能提升女性的气质和精气神。

> **今日金句** 细节见人品，日久见人心。

67 1件顶10件的"万能胶"单品，了解一下

丝巾是你衣橱里的珍宝，特别是鲜艳的拼色丝巾，是你应该拥有的重要单品。今天就来给你分享如何用一条丝巾让造型更特别。

把丝巾系在脖子上，是最经典的方法，精致大方，下垂的丝巾在视觉上也能够延长脖颈，让整个人看上去又高又瘦。

把丝巾包头上，两端系在下颌处，完美修饰脸型，也可以试试把丝巾当成橡皮筋，很容易打造少女感。

把丝巾系在手腕、手臂上，除了时髦，还能挡一挡"拜拜袖"，丝巾还可以代替腰带，1秒钟拯救单调的穿搭。

丝巾同样也能被当作配饰系在包上，不仅能保护容易磨损的手柄，还能提升包的档次。

关于丝巾的搭配方法就分享到这里啦，希望能给你带来启发。

| 今日金句 | 优雅是打不败的状态，是随时随地都能持守的美好。 |

68 巧用鞋子改变整体穿搭风格

根据鞋子来改变整体的穿搭风格,这招偷懒又容易上手。

当我们穿着旗袍、职业西装出去玩时,总会显得不那么日常,但一双运动鞋,就可以轻松化解隆重感。所以工作环境比较严肃的同学,下了班完全可以换上一双运动鞋。

还有很多人都喜欢连衣裙配细高跟,换个思路,混搭一双运动鞋,满身仙气也可以轻松又潇洒。

大衣和运动鞋也可以相互衬托,大衣给了运动鞋更高级的时髦感,运动鞋给了大衣几分休闲随性感,这对 CP 绝对能完美诠释随性与优雅。

反过来,一身运动休闲风,混搭一双细高跟,会有率性又不失女人味的效果。臃肿的长款羽绒服,也能用一双带有闪光效果的高跟鞋撑场面。

学会了吗?如果觉得自己的衣服太单调,不妨从换双鞋子入手哦!

| 今日金句 | 心中有真理的光,脚下有指路的灯。 |

69 记住这几个关键点，平底鞋也能显腿长

出门旅行我们一般会选择平底鞋，其实只要花点心思，我们也可以用平底鞋穿出修长双腿和高挑身材的既视感。挑选平底鞋时，需要记住3个关键点：尖头、简洁、裸色。

圆头、方头鞋会在视觉上起到一种截断的效果，而尖头鞋的 V 形线条则对于小腿有拉长效果。

平底鞋的款式越简洁越好，因为作为穿在脚上的单品，太过花哨会让造型重心整体下移，看起来显矮。

在颜色上最好选择裸色，或者米白色、金色、姜黄色、裸粉色等可以和自己肤色衔接的颜色，这样鞋子看起来像是"长在脚上"，形成视觉上的和谐统一感，让腿显得很长。

记住这些关键点，选择一双精致的平底鞋，可以让你行走世界的脚步，如芭蕾一般优雅而轻盈。

| 今日金句 | 每个人都是孤独的行者，在行走中慢慢变得坚强。 |

70 帽子——实用造型的捷径

帽子是阻隔紫外线的最有力的武器，好的帽子能使我们的装扮更上一层楼，更是不爱洗头的懒人的福音。选择帽子，要考虑实用性和时髦度兼而有之，今天就来给你推荐三款经典、百搭的帽子。

第一类，宽檐草帽。夏日人手必备，与基础款服装搭配，造型感十足，与小洋装、印花长裙搭配，突显名媛气质和性感风情。

第二类，棒球帽。搭配时尚运动装，令你的造型活力十足，显年轻，比较流行的戴法，是将棒球帽斜戴或反戴，平添俏皮可爱。

第三类，贝雷帽。正确的佩戴方式，是斜戴打造一个斜线弧度，有视觉延伸的效果，对方脸、圆脸的姑娘非常实用，看起来俏皮、优雅，显脸小。

如果你的衣橱中还缺少一顶经典款帽子，那就快快行动起来吧！

今日金句	不炫耀自己的资质，也不埋没自己的美丽。

71 选对袜子，为职场造型助力

对于职场女性而言，不注意着装细节会摧毁职业形象，袜子是非常重要的单品，在正式的场合，应该穿什么样的袜子呢？

在正式的政务和商务场合中，必须穿着肉色丝袜，不能暴露双腿，也不能穿黑色袜子、网袜、彩色袜子等。肤色白皙，选择浅肉色丝袜；肤色偏黑，就选择深肉色丝袜。

袜子的长度一定要高于裙子下部边缘，例如，穿长裙的时候，可以选择大腿袜并以吊袜带固定，穿短裙时就必须选择连裤袜，可以坐下来试一试，不要露出大腿边缘的加厚部位。

穿丝袜时，鞋子要选择包头、包脚跟的款式，最好是细高跟鞋，千万不要穿露趾凉鞋、鱼嘴鞋、坡跟鞋等。

聪明的你，一定要记得在包里多备一双丝袜，就再也不用担心突发状况了。

| 今日金句 | 礼仪的真谛，来自敬畏之心。 |

72 如何用珠宝营造着装的高级感

珠宝能够迅速提升着装的高级感，对整体造型起到画龙点睛的作用。其实，在小小的珠宝搭配中，也蕴含着相当多的门道，今天就给你分享珠宝搭配的三个基本准则。

第一个准则是风格吻合。珠宝风格要与服装风格一致，若服装风格比较奢华，佩戴的首饰也应该华丽；若服装风格比较休闲，首饰则可以挑选简约的款式。

第二个准则是色彩协调。如果服装本身的颜色非常艳丽，可以选择与服装色彩相同的彩色珠宝，或佩戴中性色金银饰品。又如，暖色系服装适合金饰，冷色系服装则适合铂金、银饰。

第三个准则是主题一致。如果同时佩戴两件以上的首饰，那么它们在材质、色彩上应该尽量保持相同。

希望今天的珠宝搭配准则，可以帮到你。

| 今日金句 | 优于别人，并不高贵，真正的高贵，是优于过去的自己。|

73 通勤鞋：得体又舒适的脚下时尚

适合办公场合穿着的鞋子，最常规的款式是黑色或裸色高跟鞋，虽然不易出错，但时间长了总会觉得呆板无趣。今天就给你分享几款适合通勤的鞋子，在摩登与舒适之间，寻找完美平衡。

首先是平底鞋，舒适度 100 分，也是百搭的款式。在各色平底鞋中，有一类偏中性的乐福鞋，是特别推荐给你的，它与通勤裤装的组合，能轻松演绎帅气风格，对于需要长时间行走、站立的工作，再合适不过。

其次是猫跟鞋，鞋跟高度在 3~5 厘米，穿上它走起路来像猫咪一样敏捷灵动，与西装、风衣、连衣裙、九分裤搭配起来都非常有型。最常规的款式是包后跟的尖头鞋，纯色不带装饰，是日常通勤的首选。

赶快选一双漂亮的鞋子吧，这是助力你成为职场精英的重要一步。

| 今日金句 | 我们的工作，是爱的加冕。 |

74 这个"柔软的支点",绝对不能少

腰带的作用,你可不能轻易忽视!它不仅能让你瞬间拥有大长腿,显高、显瘦,它还像是一件小小的"塑身衣",能让你在走路时不知不觉挺胸收腹。但腰带也不是随便系一下就行的,腰带的粗细、大小、位置都很重要。

只有身材瘦小的女士才能系粗腰带,微胖的女士、长方形、苹果形身材的女士,都不适合粗腰带,那会让腰显得更粗,请选择深色的细腰带。特别推荐4厘米宽的腰带,几乎适合所有的身材。

腰带扣的大小也直接影响着穿搭的效果,无论粗腰带还是细腰带,腰带扣越宽大,就越容易显腰粗,所以要选择窄小一些的腰带扣。

最后要注意的是尽量将腰带往上系,提高腰线,才能穿出大长腿的效果。

即使没有纤纤的腰肢,也一定不要忘记系腰带哦!

| 今日金句 | 态度要诚恳,立场要坚定,身段要柔软。 |

75 包与衣服的搭配，原来这么讲究

都说"包治百病"，女生哪有不爱包的？因为包时常拎在手上，就不得不考虑与衣服的搭配。

包的颜色只要与身上衣服的任意一种颜色相同，就不会出错，还可以把包、配饰、鞋子组成一套同款颜色。

除了做好色彩呼应，也能让包的颜色为整体造型锦上添花。如果你平日的穿衣风格是寡淡的素色，非常建议入手一个亮眼的彩色包，赶走沉闷感。

如果你穿的是色彩大胆、图案繁复的衣服，就必须用黑、白、灰之类的中性色来做减法。

没有那么多颜色的包也不要紧，即使颜色不搭配，把握好包和衣服的风格就没问题，例如，草编包搭配碎花裙，购物袋搭配休闲装。

有了这些小技巧，相信挑选一个跟你造型最合拍的包，就不是问题啦。

| 今日金句 | 穿着永远是外在的，在衣服里面的，是我们自己。 |

76 这样穿，秒变温柔小姐姐

在一个女士最好的年纪，温柔是不可或缺的优势。如果你也想做一个人见人爱的温柔小姐姐，最快速、最有效的方法，就是从穿衣开始改变。今天就来给你分享几个温柔穿搭的法则。

首先，选择柔软的面料材质，像绸缎、雪纺、亚麻、薄纱等面料的服装，都是温柔穿搭的优先选择。

其次，在款式上，我们可以通过一些女性化的细节设计来体现温柔感，如荷叶边、小碎花、蝴蝶结等凸显女性柔美气质的小细节。

最后，着装的整体色调也是打造温柔穿搭非常重要的一环，柔和的色彩搭配，远远看去就能给人直观的温柔印象。如马卡龙色系，这种轻盈、明快的色彩能打造出软萌、清新的温柔少女风。

这些温柔穿搭的法则你学会了吗？赶快搭配一身漂亮的衣服，去约会吧！

| 今日金句 | 温柔，是一个人最好的情商。 |

77 火爆的"无性别风",怎样穿才时髦

近些年,"无性别风"穿衣理念成了流行趋势。它可以是卫衣、工装裤,突出女性可爱、率性的少年感,也可以是干练有型的西装,打造独立的大女人风。不过,千万别以为"无性别风"就只是刻板的"男装女穿"。

今天就给你分享"无性别风"的关键——直曲相宜。"无性别风"的服装大多是简洁有力的廓形,太多的直线条会显得拘谨,需要适度用曲线感的单品来平衡。

如可以用圆领、U领,充满女人味的低胸内搭,来搭配廓形利落的外套,不仅更修饰脸型,一直一曲的碰撞也能展示女性的独特魅力。

或者在穿搭时使用打结、挽袖口等小技巧,将女生的柔美融入硬朗的线条里,穿出随性不羁的自由感。

学会了吗?帅气的风格,你也可以驾驭哦!

| 今日金句 | 不是追求"中性",而是追求"中性美"。 |

78 如何少花钱还能让自己显得高贵

在职场上，穿贵一点的衣服，才能让你变得更贵，挣到更多的钱。今天就给你分享用有限的资金穿出高贵感的小秘诀——经典基本款，颜色低调，质地优良。

首先，购置奢侈品牌，一定要选择经典基本款，因为新品第二年就会过季，而经典款无论哪一年穿，都不会有人说过时。

其次，抛弃那些鲜艳到辣眼睛的颜色，更多地选择低调、暗淡的颜色，比如黑色、白色、灰色、驼色、酒红，同样价位的衣服，选偏暗、偏柔和的颜色，会更贵气。

最后，尽量选择有质感的天然面料，而不是亮闪闪的化纤面料。平整挺括的衣服，即使不是名牌，也能让人感到高级，大大加分。

记住这些小秘诀，不用花很多钱，也能拥有一个高贵专业的个人形象。

| 今日金句 | 气质高贵了，别人会忽略你朴素的穿着。 |

79 你一定要学会的青春穿搭法

今天要给你分享的是超级减龄的穿搭风格——帅气工装风。可是工装风如果穿不好，要么就是有装嫩的嫌疑，要么就会秒变大妈。

在工装风的选择上，切忌卡通图案或是杂乱配色，这样会显得过于幼稚，而如果选择腰臀部过于肥大的背带裤之类，则会让身材臃肿。所以，想要穿好工装风，必须把握刚柔并济的原则，以女性气质来中和中性感。

背带裤是最典型的工装风单品，我们选择的背带裤和内搭上衣，都要简洁素雅，例如，中性色或条纹内搭，还可以通过丝巾、墨镜等心机小配饰，提升时髦指数。

另一款经典单品是连体裤，最好加上腰带，穿上高跟鞋，或者直接选择有明显腰线设计的连体裤，强调女性特征的同时，秒变大长腿。

又帅气又减龄的工装风，赶快试试吧！

| 今日金句 | 帅气，才会"大气"。 |

80 成年人最标准的时尚穿搭公式

作为普通人，总有些穿衣的烦恼，其实不用去追求时尚杂志的前沿报道，记住一个基本的公式，就能把衣服穿得大方、时尚又得体。

这个公式就是"八成基本色+两成点缀"。

与喜欢的颜色相比，更应该优先选择的是基本色的服饰，它们不会被流行左右，不存在第二年就不能穿了的问题。基本色除了常见的黑色、白色、灰色，还包括藏青色、浅驼色、浅蓝色、深棕色。

确定了基本色，再加入两成的"花纹"或"点缀色"，能起到画龙点睛的效果，可以用内搭、配饰去实现，推荐的点缀色包括紫色、湖蓝、橙色、浅粉色等。

成年人的生活不易，要对自己好一点，记住这个公式，给自己的穿衣打扮花点心思，每天都要比昨天活得精彩。

> 今日金句 | 你的穿着审美是在向别人展示"你是一个什么样的人"。

81 这三个字,让你看起来很高级

在关于穿着的问卷调查中,"清爽感"一直以来都排在喜好榜的前列,不论男女都喜欢穿衣打扮比较清爽的异性。

怎么才能穿出"清爽感"呢?首先,服装的状态非常重要。如果你的衣服松松垮垮、折子横行、局部褪色,甚至有洞,无论你怎么凹造型,都跟"清爽感"这个词无缘。

判断衣服寿命的标准是看它是否足够干净整洁。除了个别质地精良的单品外,一般服装的寿命大多在三年左右,拿出那些你以前买的衣服,如果都松松垮垮的,就毫不犹豫地淘汰掉吧。

还有现在的做旧衣服,年轻人可能感觉非常酷炫,但在旁人看来,毫无美感可言。不要被流行带着走,那些被岁月沉淀过的"大众审美",才是最让人舒爽的造型。

| 今日金句 | 清爽很简单,因为你出生时就是最清爽的人,把它找回来就好了。 |

82 如何聪明地"买买买"？记住这个公式，美丽升级又省钱

每个女生都有这样的烦恼："我的衣橱全塞满了，但每次出门时还是找不到合适的衣服。"今天给你分享一个智慧购衣公式——将基本款、配饰、流行款的比例掌控在 5:3:2。

你的衣橱中应该至少有一半是基本款，如质感优良的白衬衫、灰色羊绒衫，都值得我们花费更多的精力去挑选，它们是维系整体造型的基础。

配饰需要占到 30%，因为在重要的社交场合，不同配饰能营造出令人过目不忘的亮点，也能体现出穿戴者的个性和品位。

很多人非常热衷于当季流行款，但是并不建议将大量的预算投入其中，要秉持适合自己和适度的原则。

最好以季度为单位，按这个比例，提前规划好用于购买新衣物的预算。以后可不要胡乱买买买了哦！

| 今日金句 | 衣服表达了你处理与自己、他人、世界的关系的能力和态度。 |

83 怎么混搭都不会出错的公式

不同风格的碰撞，会产生神奇的效果。说到混搭风，相信对穿搭比较讲究的同学，一定有自己的一番心得。今天就来给你分享一个不会出错的混搭公式：帅气+甜美。

各种柔美的裙子和帅气西装外套的组合，已经是时尚达人的固定套路，搭配简单，效果出众，可以很妩媚，也可以很霸气。

大家衣橱里都有的皮衣外套，也可以大胆地搭配薄纱裙，除了风格混搭，还有材质的碰撞，太过甜美的衣裙，用皮衣压一压，又甜又酷。

当然，甜美并不局限于裙子，像粉色、荷叶边等都是极具甜美感的元素，搭配西服套装，干练又不失女人味。

巧妙运用混搭法，可以让单一的风格变得不再无聊，希望今天能给你们带来一些新的搭配灵感。

| 今日金句 | 请走入形象的开阔之地，你所适合的风格，不应是你的局限。 |

84 如何穿出恰到好处的性感

性感对于亚洲女士来说是不容易把握的一种风格，一不小心就会显得艳俗。今天就来给你分享一个不会出错的性感穿搭公式，就是：中性+性感。

也就是在性感风格中，加入一些偏中性的单品，如西装、卫衣等，就可以削弱性感的风尘感。例如，真空穿的西服套装，就有种禁欲般的性感。

比较聪明地露肤，一次只有一个重心，我们应该遵循这个规律：露上不露下。如露肩上衣+阔腿裤，紧身 V 领+长裙，或者露个小蛮腰，外穿西装外套遮一下，露出的部位不多，但性感度不减。这样不仅更得体，别人还能快速注意到你想展现的点。

最后要记住，不要太刻意地去强调性感的心态十分重要，因为最美妙的性感里，天真感永远多于妩媚感。

| 今日金句 | 有时候，多穿一件才性感。 |

85 不挑年龄长相的优雅风,怎样才能穿好

在众多的风格当中,优雅风可以说是最受欢迎的,它包含了精致、高级、淑女等特质。穿出优雅风,其实只需要我们记住一个穿衣法则——少就是多。也就是,尽量选择没有任何多余装饰的衣服,质感主要靠剪裁和面料来呈现。

注意混搭法不能用得太过,有时候,我们花大力气搭配的一身衣服,却没有简单的连衣裙+高跟鞋,或是单色打底衫+半裙来得耐看,但不要忘了,裙子款式要简洁、大方,剪裁要突出腰线展现女人味。

优雅风的颜色选择,建议大家可以闭眼入手黑色、白色、灰色、驼色,简洁、大方,也好搭配。喜欢温柔、甜美调调的同学,可以多穿融合了灰调的彩色衣服。

其实不管你喜欢哪种风格,优雅风所代表的从容之美,值得把它贯穿在各种风格里。

| 今日金句 | 该放下的执念,不妨轻轻放下。 |

86 一穿成熟就老气？娃娃脸女生穿搭指南

长着一张娃娃脸的甜美、稚气的女生，总会遇到一些穿搭烦恼，比如穿什么都像学生，一穿成熟性感风就"踩雷"……

今天就给你分享娃娃脸女生穿衣的秘诀——巧用"甜美仙女风"。也就是，巧用薄纱、透视、蕾丝、蝴蝶结等女性化的元素和小印花、短裙、小包这些量感小的单品，搭配粉嫩的淡妆。

在职场上，我们可以用这些甜美仙女风的元素，去搭配西装、长裤、一步裙、衬衫等职场单品，最终营造甜美的整体造型。

在出席一些重要场合需要穿礼服驾驭优雅风的时候，我们可以降低量感，例如，减短裙子长度，增加褶皱、荷叶边等女性化的元素，看起来会更加轻巧、优雅。

娃娃脸的女生快快学起来，无论你是哪种类型的女生，找到自信，你就是最时髦的！

| 今日金句 | 让思想严谨，让生命甜美。 |

87 使用时尚条纹元素的口诀

在每一季的时尚舞台上，条纹元素都是永不过时的时髦担当。今天给你分享一个穿着条纹元素的口诀："有粗有细选择细，有大有小选择小，有疏有密选择密"。

很多人会觉得宽条纹可以将身体切分成更少的部分，应该显瘦，但事实是细条纹更加显瘦，无论是横条纹还是竖条纹。密集的细条纹在视觉上更加集中，会产生收缩的效果。

竖条纹具有良好的视觉拉伸效果，运用在裤装、长裙上，不论疏密都会瞬间在视觉上有一种显瘦、显高效果，上半身随性搭配一件基础款打底衫就可以了。

除了条纹，在其他图案中，我们也可以延用这个口诀，如波点元素，比起大而稀疏的波点，小而密的波点更能展示轻盈的体态。

这个视觉魔法，你记住了吗？

| 今日金句 | 时尚就是能够以永恒的眼光选出标杆人生，并生活在其中。 |

88 经典的印花元素，怎么穿才能不土

印花元素，复古时髦经久不衰，但一不留神，就有可能变"土炮"，穿出"淘宝买家秀"的既视感。今天来给你分享穿好印花元素的秘诀，就是"清新"两个字。

担心自己皮肤不够白的女士，可以选择素色和深色的印花，不仅不挑肤色年龄，还能带来更浓烈的复古范。这个时候，注意上下同色系的搭配是关键，如墨绿色系的碎花就搭配墨绿色的上衣。

碎花搭配也要秉持简约的原则，下半身已经够缤纷的话，最保险的做法还是搭一件素色上衣。

大面积印花很容易穿出"大妈范"，选择小巧、浅色系的印花，还要尽量挑选垂顺飘逸的面料，才能将小碎花的清新发挥得淋漓尽致。

最后，要想穿得不土气，随时保持衣服的垂顺和服帖也是至关重要的哦！

今日金句	战士的勇气要有，爱人的温柔也要有。

89 T台上闪亮的皮革元素,如何运用到生活中

皮革元素,充满时尚感和戏剧张力,在T台上非常出彩,如何把皮革元素借鉴到日常生活中呢?关键的技巧就是——对比。

可以利用材质对比。同样的皮革和不同材质面料的衣物搭配,各有风情,想搭出什么风格,就在皮革的基础上叠加什么类型的单品,如日常休闲的棉T恤、职场上的衬衫等。

还可以利用风格对比,想要快、准、狠地搭出"街头感",在你的皮外套里搭卫衣准没错。

皮革材质偏硬,搭配具有女性特征的单品中和,也是个好主意,如裙子、高跟鞋、丝巾。

颜色对比也能营造出彩的效果,选择彩色、有扎染图案的皮革单品,与其他单品搭配,增加整套服装的女性气场。

大胆地把皮革穿出门吧,你就是最闪亮的那个人!

| 今日金句 | 想成为T台上的风景,首先要成为生活中的风景。 |

90 复古波点元素的正确搭配方式

看到波点，我们总会想到草间弥生，其实波点元素是时装史上浓墨重彩的一笔。今天就来给你分享，如何把这种古老的元素穿得好看。

波点的大小很重要，小波点和大波点的差别，就像小家碧玉和大家闺秀的差别，你可以根据自己的需求选择合适的大小。但要注意，波点越大，放大效果也越明显，所以如果想要显瘦，要尽量避免选择特别大的波点。

不太建议全身使用波点元素，特别是两种波点的混搭，在视觉上会显得不干净。波点单品比较适合在局部应用，才更有层次感，至于波点的色彩，基础的中性色最为常见，也最好驾驭。

除此之外，波点的小配饰，头巾、小系带，都能给我们的造型增添复古气息哦。

学会驾驭波点元素，什么时候穿，都不会过时。

| 今日金句 | 愿你每天都有成长，看见时间的力量。 |

91 掌握这个小心机,时髦感甩别人几条街

明星或街拍达人总能把一件最简单普通的单品穿出高级感、时尚感,明明这些单品我们也有啊,为什么总感觉缺少点味道,原因都在细节上,今天就给你分享一个小心机——卷边大法。

说到卷边,大家可能先想到的是裤脚卷边,露出一截脚踝,不仅时髦,重点是还显高。

也可以试试上衣卷边,给袖子卷一层边,基本款上衣立马变身潮流单品。卷边的时候没必要太过工整,就算是最普通的衬衫,也会生动不少。

外套卷起边来更加有特色,在袖口处随意卷上一层,不至于太过臃肿,一个小细节就能显瘦。

基本款的单品人人都有,用最简单的小技巧制造出亮点,就可以彰显自己的独特,今天的小技巧你学会了吗?

| 今日金句 | 有些事情看似简单,其实背后都是小心机。 |

92 "2点搭配法"，一学就会

秋季和冬季，我们穿的衣服多了，颜色搭配就成了问题，今天就给你分享毫不费力的搭配法则——"2点搭配法"。也就是说，全套穿搭，只要注意两个点的颜色呼应，整体就会非常美观。

第一个"2点"：上衣和鞋子同色，再加上材质的呼应或碰撞，会产生奇妙的效果。如果上衣有两种颜色，就挑选其中一个颜色与鞋子同色，也会很和谐。

第二个"2点"：外套和包同色，不用想太多，拎个和外套同色的包出门，大面积和小面积颜色的呼应，让整体造型格外优雅时髦。

第三个"2点"：包和鞋子同色，我们经常因为穿得多，上身堆很多颜色，而小比例的包和鞋，是最能调整色调的单品。

是不是超简单的法则？照着搭起来，明天就能脱胎换骨！

| 今日金句 | 能穿对衣服、爱对人，是了不起的才华。 |

93 掌握这些穿衣小技巧，拍照更上相

最简单的拍照好看的小技巧就是——选对衣服。就算你没有拍照技术 10 级的男朋友，也照样可以拍出好看的照片，今天就来给你分享几个拍照上相的穿搭小秘诀。

第一个小秘诀，颜色鲜艳。鲜艳的衣服能让照片更有可看性，如亮色连衣裙，或是配上鲜艳的丝巾、包这些凹造型的配饰。

第二个小秘诀，要多露肤，平时上班不敢穿的吊带、抹胸，都可以派上用场，拍出的照片看起来既性感又随性，可以根据身材条件来选择到底露哪里。

第三个小秘诀，选择有设计感的衣服，像带有镂空、流苏、荷叶边、绑带等设计元素的衣服，或是解构、拼接风格的单品，都可以为你的照片加分。

鲜艳、多露、设计感，记住这几个小秘诀，只要站在这里，你就是一张大片。

| 今日金句 | 欣赏风景，不如成为风景。 |

94 掌握这个公式，瞬间告别"穿搭小白"

做人、做事讲究平衡，穿衣服也一样，复杂和简单需要平衡，今天就给你分享一个非常简单的服装搭配公式——"一繁一简"，让你轻松穿出高级感。

我们在搭配服装时，可以"上简下繁"，也可以"上繁下简"。

如果上身服装样式图案颜色比较单一，下身的穿搭就可以相对复杂一点，选择带有花纹或颜色比较丰富的衣服，看上去有种杂而不乱的层次感。

反过来也一样，如果上半身穿得比较"复杂"，下半身就应该穿简单点，拼凑在一起就是优雅的体现。

如果你就喜欢一身黑、一身白，可以把"繁"体现在配饰上，一个亮色包、一双吸睛的鞋子、一顶好看的帽子……都会让整体搭配更有活力。

一繁一简，只要记住这四个字，就能迅速摆脱"穿搭小白"的称号。

| 今日金句 | 幸福，就是一种平衡的艺术。 |

95 "1+1"叠穿大法，让你百变又时髦

两件普通的单品叠加在一起，就能碰撞出不一样的感觉。今天就来给你分享几个实用、好穿，还时髦到爆的叠穿公式。

首先，长衬衫+短裙，把短裙穿在长衬衫的外面，值得高个子的姑娘们尝试，紧身的短裙可以凸显纤细的腰身，显得层次更加丰富。

其次，可以尝试在纱裙里面叠穿裤子，透视的纱裙单穿不好看，配一条牛仔裤就很搭，也多了几分帅气，时髦感瞬间增加了好几个度。

最后，T恤+打底的穿法也是"时髦精"必备，短袖T恤里面搭一件轻薄的长袖打底衫，袖子有特别设计的话会更加别具一格。

今天的穿衣小技巧你都学会了吗？基本款的单品人人都有，叠穿制造出亮点，彰显自己的独特，我们就是和别人不一样！

| 今日金句 | 美丽是一件需要学习的事情。眼里看见美，心里就记住美。 |

96 内衣选不好,仙女也会变"尬姐"

千万不要以为,内衣别人看不到就可以随便穿,穿错内衣,带来的后果不堪设想。合身的内衣可以为身体重新塑形,并与外衣精准匹配,成就内外兼修的完美形象。

肩背部裸露较多的服装,要选择可拆卸肩带的半杯文胸,或有黏性的隐形内衣;也可以选择肩带有特殊设计的文胸与外衣进行混搭,呈现特别的时尚感。

穿着贴身装时,如果透露出了内衣的形状和结构就很尴尬了,要选择轻薄没有任何装饰的无痕内衣。

透视装最好搭配同色系内衣,职场中出境率较高的白衬衣,以白色内衣做内搭,即使隐约透露出内衣形状,也不失优雅。在休闲场合,万能的黑色内衣和各种外衣颜色都能协调。

好好宠爱自己,从选择一件合体又美丽的内衣开始吧!

> 今日金句 | 是看不见的世界,决定了看得见的世界。

97 衣角塞得好，穿衣没烦恼

在基本穿搭的基础上，给穿着增加点随意感，也是不错的风格。巧妙地塞衣角，就是营造随意感的好方法。

按照一般的穿法，就是老老实实把整个上衣塞在下装里，但我们可以玩一些小心机。

首先，塞衣角要宽松，即便是全塞了腰线，也不要塞得太紧，避免古板和老气。

其次，可以尝试半塞衣角，营造高低错落的效果，半塞上衣是不好好穿衣的精髓，塞起一侧的衣角，显腰身露长腿，另一侧隐约遮掩臀部，这样穿有层次感还很显瘦。

最后，上衣打结也是个好办法，简易蝴蝶结能给色系单调的搭配增添趣味，打结的两个衣角长度，保持 10 厘米左右比较合适，这个长度不会显得小气，也不会显得拖沓。

今天的小技巧你学会了吗？稍微花点小心思，形象就会大不同。

| 今日金句 | 优雅的随意，是一种久经锤炼的迷人。 |

98 每个人都要记住的穿衣基本原则

搭配这件事，每个人的审美都不一样，但怎么穿才能做到协调，其实是有着基本的规律的。整体的服装搭配，只要秉持"不过三"的原则，就不会出错。

首先，整体装扮要相互呼应，全身尽量不超过三个颜色。身上的颜色千万不能太多、太复杂，选择的配饰颜色也要尽量呼应身上的颜色，这样看起来才会协调。

其次，从款式的角度来说，全身也尽量不要超过三个独特的元素，特别有设计感的单品，一件就够了，如果身上的元素太多，看起来像是人被衣服"欺负"了。再如，上衣、下衣、外搭都有印花元素，就最好选择花纹比较相似的，会更和谐。

凡事皆有规律，美也是有套路和共性的。很多时候，坚守中庸之道，不走极端就是美。

> 今日金句 | 变美的过程，就是建立别人对自己信任的过程。

99 裙子+裤子，叠穿的无限可能

在我们的认知里，裤子和裙子是八竿子打不着的两件单品，可是明明看似不可能的搭配，碰撞起来竟然格外好看，既帅气又柔美。裙子和裤子的搭配可以很自由，需要注意的是，裙装的长裤要在膝盖以下，长裙+长裤才是正确的穿搭方式。

最简单的裙子搭裤子的方法就是选一条衬衫裙，与裤装搭配在一起，可以轻松切换清新文艺、帅气干练、休闲随性等多种风格。

连衣裙+裤子的组合，可以把视线从腰部转移到腿部，非常适合大腿粗或上身宽大的女生，飘逸十足，而且显高。

如果你想在优雅之余再多一点小性感，那一定要尝试一下开叉裙这个撩人单品。搭上裤装，解放双腿的同时也时髦不少。

怎么样，赶快翻翻你的衣橱，看看还能搭出多少种创意？

| 今日金句 | 内心宽广了，风格也就宽广了。 |

100 内搭、外搭反过来穿，时髦炸了

翻翻衣橱，是不是又觉得自己没有衣服穿了呢？不妨试试换种穿法，如把内搭和外搭反过来穿，旧衣能新穿给你不一样的新鲜感。

衬衫和高领衫是我们都有的单品，通常，衬衫都是作为内搭，但如果反过来，用高领衫做内搭，将衬衫外穿，无论你的衬衫款式如何、下半身又是如何搭配的，只要采用这种叠穿法，整身搭配都会自带复古感，气场满分。

内搭的高领衫一般选择最基础的黑、白两色即可，而外穿的衬衫，通常要解开最上方的几颗扣子，并将衣领下拉，这样能凸显造型的层次感，在视觉上也有拉长颈部线条的作用。

这会儿是不是知道衣橱里堆着的那些穿腻的衬衫和高领衫该怎么利用了？如果你还没有一套这样的搭配，一定要赶紧行动起来！

> 今日金句 | 时尚潮流会过期，但创意不会。

第四辑
美妆技巧

·妆前　·底妆　·修容
·画眉　·眼妆　·腮红
·唇妆　·定妆　·妆后
·妆容小技巧

01 护肤品使用秘籍

"种草"了一堆护肤品,水、露、精华、乳液、面膜……那么多东西,到底先用哪个,后用哪个呢?今天给你分享一个口诀——"从水到油"。

也就是说,质地越水、越薄的,用完了很快就能挥发掉的,就先用;反之,质地越油的,用完了感觉皮肤很滋润的,就排在后面用。

这样用,皮肤的触感最好的,而且能减少在我们同时用好几样产品时发生的搓泥现象。我们可以按照面膜、护肤水、精华液、乳液,最后是乳霜或面霜,这样的顺序一层一层抹。

护肤品抹匀就行,没必要花费太多额外的工夫。那些拍、打、按摩的手法——所谓促进皮肤吸收的方法,基本上都没用,还有可能破坏皮肤角质层。与其花时间按摩,还不如省下时间做做瑜伽、冥想。

这下对于护肤品,你应该很内行了。

| 今日金句 | 护肤方法千万条,科学第一条。 |

02 一年四季的护肤方案

很多人都有一个误区,即一年四季用一套相同的护肤品去保养。其实这样是不对的,建议大家根据季节来选择护肤品。今天就来给大家分享一套"一年四季的护肤方案"。

春季容易过敏,要使用轻薄的护肤品和舒缓抗敏的产品;夏季的重头戏是防晒;秋季肌肤锁水力下降,要将乳液换成更滋润的面霜;冬季要补充足够的油脂,也更加适合进行抗衰的"功课"。

有一件事是一年四季都要做的,就是补水保湿,还要注意在季节更替时做好护肤品的过渡。

春季的第一个月,延用冬季保养品;夏季的第一个月,延用春季保养品;夏季的最后一个月,提前叠加秋季保养品;秋季的最后一个月,提前叠加冬季保养品。

希望你能照着去做,皮肤状态一年比一年更上一层楼。

| 今日金句 | 精良的肉体,是精良灵魂的剑鞘。 |

03 保湿喷雾用错了,脸会越来越干吗

很多女生一年四季都在用保湿喷雾,但是你知道吗,喷雾用错了也会"中招"。

为了保持脸上水润的感觉,喷完喷雾之后,我们经常让水滴布满脸部,等待自然风干,但这样是大错特错的!

由于水分在挥发的时候,留在肌肤表面的结晶会从肌肤由内向外吸水,从而带走水分,于是喷完喷雾后非但没有补水效果,还会感觉越喷越干。

保湿喷雾的正确使用方法,分为"喷""拍""擦"三步:

喷的时候稍微仰头,方便承接更多水分;

再用指腹轻轻拍打全脸;

喷雾在脸上停留 20 秒之后,用纸巾轻轻将多余的水分擦拭干净。

如果使用喷雾之后皮肤还是觉得干,完全可以进行一些后续护肤,在喷完喷雾后擦上保湿精华和保湿乳液,以增加肌肤水润度。

| 今日金句 | 积极向上,也要找到正确的方法。 |

04 瞬间找到适合自己的口红颜色

我们常常看到明星们非常漂亮的唇色，于是马上兴冲冲买同款口红回来，结果大失所望。原因在于这个口红颜色完全不适合你的肤色。

要判断自己适合什么样的口红颜色，先要看肤色的冷暖。如果你的肤色属于冷色调，粉红色、紫红色都能让你的皮肤瞬间变白；如果你的肤色属于暖色调，那么橘红色、正红色会让你显得特别有精神。

如果你觉得这个理论太模糊，今天和你分享一个非常简单的小技巧：直接把口红涂在手臂内侧，观察这个颜色衬出你的肤色是会变暗，还是会变亮。能让你的肤色看起来变亮的，就是适合你的唇色。

这个简单的测验，就是最快判断适合你的口红颜色的方法，以后可别乱花钱了哦！

| 今日金句 | 选最适合自己的，才能做真正自由的自己。 |

05 晒后修复三步走

被晒后的肌肤非常脆弱，如果没有得到及时有效的修复，皮肤不仅会晒黑，还可能会留下晒斑、皱纹；可如果晒伤后急着用美白、抗衰老产品进行补救，将会给敏感的肌肤带来更大的伤害。

正确的晒后修复分为三步：降温镇静、舒缓补水、深层修复。

最好的降温方式是使用成分简单的矿泉水喷雾，有条件也可以用毛巾包着冰块来冰镇皮肤以减缓局部燥热。

再敷个修复补水面膜，发红发热的皮肤会很快得到舒缓。

最后用含有芦荟凝胶和海藻精华的晒后修复霜，可最大限度地安抚和修复晒后肌肤。

多吃黄瓜、草莓、西红柿、橘子等富含维生素C的食物，能有效帮助黑色素还原，有助于美白。

防晒重要，晒后修复也不能少，以后千万不要用一盒芦荟胶简单了事啦。

| 今日金句 | 衰老和伤害一定会发生，但可以靠自制力去修整。 |

06 打造水光肌，这一步不可少

很多女士都非常向往水光肌的底妆效果，非常年轻耀眼。今天我们就来分享让底妆看起来更有光泽感的重要一步——提亮。

选择提亮的区域是个技术活，如果选错了，会让你看起来满脸油光，甚至脸都会被放大一圈。对于亚洲女性的面部结构来说，最常见的问题是脸中部扁平，那么我们应该选择提亮的区域是眼下三角区和额头，建议使用比粉底浅一号的明彩笔或遮瑕液来提亮。

还有一个需要提亮的区域是颧骨，建议选择高光液点涂，然后用海绵蛋或手指轻轻推开。

提亮这几个区域，就能很好地打造光泽感和水光肌的效果，让你的皮肤自然明亮，就是要自带光环，就是要美得发亮！

| 今日金句 | 做一个美好的人，用自己的光彩，去照亮身边的人。 |

07 妆前保养秘诀

想要化好彩妆,妆前保养是非常关键的,这个基础步骤虽然没办法让你的皮肤立即变白,但可以让底妆更服帖,使彩妆效果更自然,还可以避免干燥浮粉、起泥搓泥等问题。今天就给你分享一个完整的妆前保养步骤——保湿+锁水。

第一步是保湿,先用喷雾型的保湿化妆水,喷在整个脸上,再用化妆棉蘸满化妆水,分别在两颊、额头、下巴、鼻子,敷5~10分钟。

第二步是锁水,先薄薄涂一层精华,再在整个脸上涂保湿霜。

这里有两个关键之处:第一,妆前保养不要漏掉颈部;第二,不要在化妆前使用含有胶质的产品。

这样,一个完整的妆前保养就做好了,这时的你看起来会非常水润亮白哦!

| 今日金句 | 真正的聪明人,都懂得用笨办法,准备时间不可少。|

08 妆前按摩 1 分钟，底妆效果更好

很多化妆师在为客人上妆之前，都会多花几分钟帮助客人按摩一下肌肤，可以让护肤品被更好地吸收，妆效更好，我们也可以学习一些简单的按摩手法。

首先是眼霜按摩：将眼霜在眼周涂抹均匀，用眼保健操中轮刮眼眶的动作按摩，促进吸收。

其次是乳液、精华、面霜的按摩：需要先将产品覆盖于脸部及颈部肌肤，在产品没有被完全吸收的时候进行按摩。

第一步：用双手虎口位置，从下颌上推至耳根。

第二步：用四指，从嘴角上推到太阳穴。

第三步：用四指，从鼻翼两侧上推到太阳穴。

第四步：用四指，从眉心位置上推到太阳穴。

每个按摩动作重复 3~5 次，让乳液、精华或面霜完全渗透进皮肤中，我们就可以开始化妆啦！

| 今日金句 | 学会更好地滋养自己，是活出幸福和自由的必经之路。 |

09 快速了解自己的脸型，再不用担心化妆越化越丑

初涉化妆的人，明明是照着步骤化妆的，可就是不好看。这可能是因为你不了解自己的脸型。今天给你分享一个快速了解脸型的"黄金分割"法。

我们先来拍一个正面照，露出所有的脸部轮廓，先用长方形框住整张脸，长度是从发际线到下巴，宽度则是从左耳孔到右耳孔，算出长宽比。

长宽比为 1:0.618 的脸型，就是我们通常所说的黄金脸。

长宽比越靠近 1:1，脸型越宽。如果你是偏宽的脸型，调高眉峰、斜拉腮红、额头和下巴加高光的手法就很适合你。

长宽比越靠近黄金比，脸型越长，可以使用平拉眉形、横向腮红、额头和下巴加阴影等方法来拉宽我们的脸部。

早点了解自己才能找到合适的妆容。

| 今日金句 | 给别人化妆，你要先了解别人，给自己化妆，你要先了解自己。 |

10 你是浓妆脸还是淡妆脸？化妆不对毁颜值

很多女士会有一些疑问，"为什么化完妆看上去脸脏脏的？""怎么我一化妆还不如素颜？"其实并不是你们不会化，而是你们没有搞清楚自己适合什么样的妆容。适合浓妆的人，淡妆的时候会显得没精神，而适合淡妆的人，如果化了浓妆就会显老好几岁。

今天教给你一个简单的判断方法，看看自己到底是浓妆脸还是淡妆脸。

浓妆脸的关键词是"立体"，主要的特点是面部棱角分明，五官立体精致，鼻梁高，小鼻头，眼部深邃，双眼皮较宽。

淡妆脸的关键词是"圆润"，特点是面部线条流畅柔和，五官扁平化，圆鼻头，宽鼻翼，眼部略肿，双眼皮较窄。

赶快照照镜子对号入座，你是浓妆脸还是淡妆脸呢？

> 今日金句 | 完善自己，而不是改变自己。

11 化个完美的妆，你要有几把刷子

光靠我们的双手，很难使妆容服帖自然，想"无妆胜有妆"，还是乖乖用化妆刷吧！不过这又算是一个"大坑"，化个日常妆，到底需要多少把化妆刷才够？答案是：5把！

第一把刷子：圆头粉底刷，想要让底妆更加均匀、轻薄，光用手可是不够的。

第二把刷子：腮红刷，想要腮红更自然，晕染很重要，必须借助刷子让腮红和肤色过渡自然，有了它，就有了好气色。

第三把刷子：小号眼影刷，它可以让眼妆更精致、高级，也可以用来蘸眼影粉画眼线。

第四把刷子：唇刷，不仅是让唇妆更精致，还可以调整出更好看的唇形。

第五把刷子：散粉刷，定妆必备，它会让最后的妆感更轻薄、皮肤更透亮。

赶快把这5把刷子准备起来吧！

| 今日金句 | 善用工具，是智者和愚者的分水岭。 |

12 选最适合你的底妆颜色

第四辑 美妆技巧

很多人在化妆的时候，都喜欢画得非常白，想象在脸上刷白漆的效果，多么不自然，又不是在拍恐怖片！而且过白的颜色，会让你脸上的黑眼圈、痘痘之类的瑕疵更加明显。

那么如何挑选适合自己的粉底颜色呢？非常简单，先判断，再试用。

首先，在正面光的条件下，观察自己的肤色，我们东方人的肤色大部分偏黄，或是偏黄中加一点红感，判断自己偏向于哪一种。

然后试用与自己皮肤颜色相近的粉底，如果把粉底推开来，感觉颜色几乎消失在皮肤中，看不出上了粉底，这就对了！

记住了吗？先判断，再试用，粉底颜色选对了，你的皮肤看起来天生就这么好，化妆时间还会省很多哦！

| 今日金句 | 最美丽的不一定适合我们，适合我们的才是最好的。 |

13 1分钟就能搞定的底妆法

很多女士平时非常忙碌，早上没有太多的时间去化妆，今天教大家一个非常实用又快速的 1 分钟化妆术——1+1 底妆法。也就是说，将两种产品混合在一起使用，针对不同的肤质，混合的产品有所不同。

举个例子：

如果你的皮肤瑕疵较多，又打粉底又要去遮瑕非常浪费时间，就可以将粉底乳和遮瑕乳，以 2:1 的比例，在手背上混合，然后将混合好的产品，密集地涂在面部，再用美妆蛋，从面颊开始，由内向外轻拍，使底妆贴服就可以了。

同理，对于偏干的皮肤，底妆要强调滋润度，可以将粉底乳和乳液或精华混合在一起。

针对你的肤质，将粉底乳与不同的产品混合使用，就可以迅速打造完美底妆，你学会了吗？

| 今日金句 | 让生活变得简洁、高效，多些时间，去遇见更美的自己。 |

14 如何化出韩国女星那样的清爽底妆

很多女士羡慕韩国明星清爽的底妆，到底要怎么化妆，才能做到轻薄、通透呢？有一个非常简单的小技巧——只在脸的中部上粉底。

新手在上粉底的时候习惯从脸颊下手，涂满全脸，以为会把粉底上得均匀，但这样会让自己的脸看上去很大，还容易让脸和脖子颜色分层，像戴了假面。

正确的方法是先在脸的中部上粉底，尤其是眼下的三角区域，量多一点儿也没有关系，因为这里通常也是毛孔粗大的区域，然后用剩余粉底带一下脸的外围，就可以了。这样，外围的粉底会比脸中部少，形成一圈自然的阴影效果，脸部立体感提升，全脸干净清爽。

变换一下手法，就可以打造出清爽的妆容。

| 今日金句 | 你的妆容，也需要"断舍离"。 |

15 画出清透女神妆的窍门

化一个面面俱到的妆容，有可能犹如戴了一个假面。其实，妆容的修饰在精不在多，如果再搭配一个清透的底妆，气质一定棒棒的。

要想让底妆清透，最简单的方法就是用气垫 BB 霜，好上手，轻薄服帖，即使你不太会打粉底，用气垫也能画出均匀、清透的底妆。

今天再和你分享一个打造清透底妆的小窍门——棉签法。用棉签代替手指打粉底，不仅能保持干净，还能调节用量，量少，底妆自然且清透。

在做好妆前保湿和防晒后，用棉签蘸取粉底液，从脸颊中心向外侧翻滚涂抹。再用海绵轻轻向外推开，轻拍，让粉底液贴在脸颊上。眼下部分用刷子蘸取蜜粉轻扫，脸周部分用粉扑轻轻按压定妆。

这就是轻薄妆容的秘诀，你学会了吗？

| 今日金句 | 坚持练习，活得越来越明亮。 |

16 PS 磨皮级的底妆

今天给你分享一个神奇的底妆技巧，可以把你的毛孔隐藏得严严实实的，像 PS（Photoshop，通常指用软件对照片进行了修饰）磨皮一样，而且雾面哑光的妆效，在夏天也会看起来干净、清爽。

我们需要用到的是流动性比较强的粉底液、一把平头刷、一个海绵蛋。

首先把粉底液挤到掌心，用平头刷在掌心来回蹭，确保刷毛都均匀蘸上粉底液。然后用蘸了粉底液的刷子在脸上戳，不要太用力，用刷毛将粉底液都填满毛孔就好。

然后用一个干的海绵蛋轻轻按压脸部，将粉底液都压实，不建议用打湿的海绵蛋，因为会把脸上的粉底液都蹭走。

这样一个磨皮级的底妆就完成啦！是不是像变魔术一样？

这个方法的缺点就是比较麻烦，但在重要的场合，多花点时间这样上底妆，绝对是让你变美的大招哦！

| 今日金句 | 你始终值得最好的，不论经历多糟糕。 |

17 通用的化底妆手法

底妆是很多女生的心病，上妆后粗糙、显毛孔、显脏、假面、浮粉、搓泥……不要紧，化好底妆的精髓其实在于手法，今天就给你分享一个专门拯救各种"问题脸"的"糊墙大法"。

先用一支面膜刷或粉底刷多蘸一些粉底液，直接往脸上刷就好。脸颊、额头这些视觉中心的区域可以涂厚点，刷子上多余的粉底可以往脸的边缘带。

涂完后，用一块干净、干燥的气垫海绵用力按压涂过粉底的区域，让海绵把多余的粉底液吸走，同样用力把其他区域的粉底按压好，全脸反复用力按压，直到每个角落的粉底都服服帖帖地和皮肤融为一体。

试试看，这样上粉底，绝对会有惊艳的效果，妆感完全不会厚重，宛若天生好皮肤。

| 今日金句 | 化妆是灵性的练习，心敞开的女人，自然会散发光芒。 |

18 痘痘肌的专属底妆

痘痘肌的女士到底该怎么化妆呢？有没有好办法既能够遮挡脸上的瑕疵，又不会让痘痘更加严重？当然有！

痘痘肌最大的特点就是痘痘处缺水，容易发炎，而且痘印发红。所以要特别注重妆前的滋润保养。

洁面后，将祛痘产品挤压到棉棒上，以防止产品被细菌污染，用棉棒对痘痘进行消炎。注意，棉棒不可以反复使用，以免造成二次污染。

之后涂抹妆前乳，滋润肌肤。用海绵或手指将粉底涂抹均匀，使用米色的遮瑕膏来修饰恼人的痘印，最后轻轻扫上散粉定妆。是不是已经看不出讨厌的痘痘了？

卸妆的时候还要注意，要使用温和型的卸妆液，洗脸不要太用力，不要把痘痘弄破哦！

按照这些步骤做，就可以放心大胆地上妆了，痘痘肌一样可以美起来！

| 今日金句 | 我们努力变得更好，不是为了取悦别人，而是为了取悦自己。 |

19 让底妆更为完美的"秘密武器"

很多女士对于妆前乳的概念一直很模糊，妆前乳是润肤完成后、涂抹粉底前使用的产品。它可以调整和修补肤色、细致毛孔，是让底妆看起来更为完美的"秘密武器"，强烈建议不要省去这一步骤。

首先选择适合自己的妆前乳颜色。

白色妆前乳适用于肤色白皙的妹子，增加肌肤的透明感；黄色妆前乳适用于肤色暗沉的妹子，还能修饰黑眼圈；绿色妆前乳可以修正肌肤的泛红感；紫色妆前乳可以让偏黄的皮肤变得白皙透明；粉色妆前乳能改善面部气色；珠光妆前乳能让毛孔和细纹"隐身"。

涂抹的手法也要注意，将黄豆大小的妆前乳分别点在鼻头、额头、下巴、脸颊两边，轻柔地推开，手法越细腻，毛孔的遮盖效果才会越好。

涂完妆前乳，等5分钟，就可以开始上底妆了！

| 今日金句 | 宁可备而不用，绝不用而无备。 |

20 这样选择遮瑕膏，瞬间告别黑眼圈、色斑、痘痕

无瑕肌肤是完美妆容的重要标准，现在我们整天对着手机、熬夜看剧，很多人都有黑眼圈、痘痘、色斑等问题需要解决。实际上不少人在遮瑕的时候都是为了遮而遮，一味地追求白，涂得很厚，让脸上的粉一块儿一块儿的，妆容比原本不明显的瑕疵更加让人难以接受。

今天教你一个选择遮瑕产品的小技巧——选择比你肤色深 1 个色号的颜色。

因为瑕疵本身就偏深，用很浅、很白的遮瑕膏，永远也遮不住。深色可以平衡色差，在推开之后，跟我们的肤色差别不大，而且显得非常自然。

还有，眼周部分建议使用轻薄、滋润的遮瑕乳；脸上的色斑部分建议使用棒状的遮瑕膏，先区块打底，再局部遮瑕。

打造完美无瑕的底妆的小技巧，你学会了吗？

| 今日金句 | 不怕你不完美，就怕你用力掩盖。 |

21 三种彩色遮瑕膏，摆脱痘痘、黑眼圈

想要打造完美无瑕的肌肤，就一定要做好遮瑕。可是脸上有些地方泛红，有些地方暗黄，再加上痘痘、黑眼圈这些问题，使用单一的手法不能完全遮盖。今天就分享给大家完美遮瑕的神器——彩色遮瑕膏。

先来补充一点色彩学知识，色相环上，相对立的颜色称为互补色，彩色遮瑕膏的原理就是让互补色相叠加，产生白色光感，起到修饰作用。

彩色遮瑕膏要在粉底之前使用，绿色修饰泛红的皮肤，橙色修饰泛青的黑眼圈，紫色修饰暗沉、蜡黄的肤色，黄色修饰泛紫的淤青。

之后上粉底要用美妆蛋轻拍，避免带走彩色遮瑕膏，妆后再使用与粉底颜色一致的肤色遮瑕膏来统一肤色，会有意想不到的效果哦！

| 今日金句 | 滤镜迟早会关掉，自带美颜，才是真实的你！ |

22 让妆容完美无瑕的遮瑕小心机

第四辑 美妆技巧

换季+生理期+熬夜+饮食不节制，肌肤出现问题，最应急的手段就是遮瑕，今天就来分享一些更好遮瑕的小心机。

首先，调换顺序。通常我们的习惯是先用粉底，再上遮瑕，把顺序调换过来，效果会更好，也就是先遮瑕，后粉底。因为先用粉底的话，遮瑕处会变成一块突兀的存在，先用遮瑕，粉底可以修饰遮瑕的颜色，妆感比较自然。

再来看看最多人在意的黑眼圈和痘痘的遮法。

遮黑眼圈，不能只是眼下一笔，而是要画一个眼下三角区。记得留出卧蚕的位置，这样的范围才会有效又自然，如果手法不纯熟，就用少量多次的方法。

遮痘痘则要注意柔化边缘，放射性地遮盖，就不会让遮瑕看起来特别生硬。

今天的小技巧，你都学会了吗？

> 今日金句 | 化妆，不是戴面具，是把修养和信心体现在妆容上。

23 脸上有痘痘，把它变成痣试试看

如果脸上冒了痘痘或是有一些很难遮掉的深痘印，怎么办？与其想办法去遮盖，让妆感显得浓重，不如我们换个思路，把痘痘点成痣，这样会让你看起来别有一番风情，而且哪怕和人面对面近距离接触，也不用担心影响观感。

画好一个痣，我们要准备眼线液笔、蜜粉、眼影。

首先确定好位置，用棕色眼线液笔轻轻点一个小圆点。

其次用棉棒蘸取相近色系的哑光眼影，在圆点周围晕染一下，也可以用美妆蛋上的余粉替代。

最后用眼线液笔在黑点中心再点两下，加深颜色，再扫上蜜粉，让痣变得更自然，就可以了。

学会了这个方法，再长痘痘就不怕啦，把它变成痣试试看。当然，如果你的痘印很多，那这个方法就不合适了。

> **今日金句** ｜ 换个思路，换种活法，或许会有不一样的剧情。

24 鼻翼脱妆怎么办

在化底妆的时候有一个部分需要特别注意，就是鼻周，这里可以说是脱妆的重灾区，因为鼻翼凹陷角度的问题，很容易卡粉，还会因为一直补妆，显得妆容很厚，一不小心，一个细节毁所有！

今天就和你分享一个鼻翼上妆的小技巧——薄涂+向上点按。

这个方法非常简单，先在鼻周区域涂一层薄薄的粉底，用量千万不要太多，然后用美妆蛋的尖头部分，采用由下往上点按的方式，也就是从鼻翼慢慢往上到鼻头的位置，把粉底轻轻拍匀。这样，粉底就不会一直往下跑。做好这些，一个自然又有遮瑕力的鼻周底妆就完成了。

记住了吗？薄涂+向上点按。最后，不要忘了用定妆粉或者蜜粉来定妆哦！

| 今日金句 | 决定成败的，往往都是不起眼的细节，在细节上下功夫，会事半功倍。 |

25 美妆蛋怎么用，才能彻底告别卡粉脱妆

清透服帖的底妆效果，一定是你最希望拥有的。用美妆蛋上妆，既快速又能做到妆感不厚重，所以，现在几乎人手一个美妆蛋，但你真的会用吗？

直接用美妆蛋，底妆妆感干燥，会浮粉、卡粉。我们通常的做法是，用保湿喷雾喷湿表面就开始拍粉底了，但这样会使海绵的回弹性变差，在上底妆的时候明显会使弹力不足。

今天就给大家分享一个使用美妆蛋的小技巧：

先将美妆蛋用清水全面浸湿，挤出水分，再用纸巾轻轻挤压，吸出多余水分。这时的美妆蛋既湿润，弹性又刚好，适合用来上轻薄、服帖的粉底。

在打底妆时注意，不要蹭拉，要用手腕发力，轻轻点按，少量多次，需要遮瑕多的地方可以叠加。

这个方法是不是很简单，明天就可以用起来啦！

| 今日金句 | 让妆容清爽，是简单易行的修心方法。 |

26 毛孔隐形术

如果我们本身毛孔就粗大，在使用粉底后，瑕疵会更明显。这个时候，只需要一个小工具，就可以做到毛孔"隐形"。这个小工具就是——软毛刷。

具体做法是，用软毛刷不停地在毛孔粗大的部分画圈，这样就能遮盖住毛孔，打造磨皮一样的皮肤。做完这一步后，用粉扑蘸散粉用力按压面部，让妆容更服帖，一个无瑕的底妆就打造好了。

毛孔粗大的女士日常更要注意面部保养，再来分享一个保养的小方法——用热毛巾敷脸。操作起来很简单，需要注意的是温度要合适，千万别把烫手的毛巾敷在脸上。来回敷上三五回，之后再做个补水面膜，一周两三次就可以了。

日积月累，相信不用化妆你也能拥有零毛孔皮肤。

| 今日金句 | 试着确立一个好习惯，坚持下去，每天进步一点点，变美这件事，也有"复利"效应哦！ |

27 自然立体的日常修容法

我们总是以为要想显脸小,就要往脸上猛打阴影,可是这样,妆容就会看起来很脏、很尴尬,今天教大家一个可以让我们的面部显得立体,又不会妆感过重的自然修容方法。

日常自然修容的核心有三点:提亮、腮红、高光。平时要避免使用暗影。

第一步:需要用到浅色修容粉和适中刷头的柔软毛刷,提亮我们面部需要突出的部分,包括额头、眉骨上方、鼻梁正中、人中、下巴、法令纹。

第二步:用腮红替代深色的修容粉,先用浅色哑光腮红点涂苹果肌,再用同色系深色腮红轻扫颧骨下方凹陷处,与浅色腮红过渡连接,修饰轮廓。

第三步:用小刷子蘸取高光,在内眼角、鼻梁处塑造高光亮点。

这样,我们就完成了日常的修容步骤,赶快试试吧!

> **今日金句** 能活出内外兼修的美丽,是身为一个女人一生至深的修行。

28 修容打造小V脸，怎样才能不踩雷

全世界的女人都希望自己有一张紧致小脸，所以喜欢下狠手修容，但如果手法没掌握好，非常容易"踩雷"。在日常生活中，你的脸360度暴露在大家眼前，如果在脸的两侧下狠手打阴影，看上去就像长出了络腮胡。

今天给你分享的就是修容的心得：追求自然的颜色和过渡。

首先，选择比你的肤色深2~3个色号的修容膏颜色，千万不要过深。用量也别过多，用海绵蘸一点，在需要修容的位置轻轻推开。最需要注意的是，不要有一条明显的分界线，把修容的区域稍微延伸一点点，与粉底融合，打造自然的层次感。

这样，别人不管从多近的距离看到你，都会觉得你是天生小V脸。

> **今日金句** ｜ 很多事情虽好，但过犹不及，拿捏好尺度才是关键。

29 你的发际线后移了吗？这招能拯救你

就算脸蛋再美，高高的发际线都会让人的注意力离不开你闪亮的大脑门。别慌，今天就带来拯救发际线的填补大法！无论是发际线上移的"阿哥头"，还是额头露 M 角，统统帮你解决。

我们可以拿出哑光棕和黑色的眼影粉或眉粉来填充一下发际线，用紧实一点的刷子上色，就可以画出阴影感，让空白的地方没那么空。注意假的发际线尽量不要画得太低，要不然会很假，很像美猴王。

追求精致的女士，可以用眉笔顺着头发毛流再画几笔，画出碎发的效果，看起来就会更真实。如果嫌麻烦，可以买个发际线粉，直接按上去就可以了。

恭喜各位，这时候你们的发际线就又重新长回来啦！

| 今日金句 | 你所谓的焦虑，不过是对未来的恐惧。 |

30 只用粉底也能瘦脸

如果脸小，只要穿衣得当，即使身上的肉很多，也不会显胖；如果脸大，总会给人留下胖乎乎的印象。捏捏脸上的肉，真是欲哭无泪。别担心，虽然瘦脸很难，但只用粉底，你也可以拥有一张精致的小 V 脸哦。

我们的妆容，越往脸中间的位置越要亮，越往耳朵的位置越要暗，就能创造出立体小脸。巧用不同颜色的粉底，也能制造出这样的效果。

先取适量浅白色粉底涂抹于 T 字部位，轻轻推开，眼睛下方也使用一点白色粉底。再用指腹将肤色粉底在脸颊部分仔细而均匀地推开。最后将蜜粉薄薄地按压在脸上，然后用刷子蘸取比肤色深的蜜粉，在下颌线补刷一道。

换个合适的发型，选个搭配的配饰，自信满满地出门吧！

| 今日金句 | 别把全部精力放在"减肥"二字上，刻意地追求会暴露你的缺陷。 |

31 整形级别的鼻头缩小术

还在为你的蒜头鼻而苦恼吗？还在拼命学习网红爆款修容，却脏得无法出门吗？今天给你分享一个整形级别的鼻头缩小术，帮你用修容技巧，给鼻头制造出角度。

先用刷子蘸修容膏，在鼻头的位置画出一个 V 字形，这样就能画出一个假的尖鼻头，如果是蒜头鼻的话，鼻头的这两道阴影会看起来距离比较远，显得鼻头比较大。所以下一步是把它修窄，把两道阴影画得近一些。

然后晕染开，范围不要太大，就是鼻翼处两个小三角的区域，再用刷子稍微带一下鼻头到山根的位置。

最后换一把更精致的小刷子，加重一下 V 字的线条感，晕染开，这时鼻头就会呈现一个尖尖的轮廓。

分分钟就拥有打了玻尿酸的效果，是不是？

| 今日金句 | 努力活出健康、真实的自己才是长远安心的选择。 |

32 快速判断你适合什么眉形的小妙招

记得前两年火遍大江南北的一字眉吗？可真的不是画在每个人脸上都好看，选择眉形，还是得先了解自己才行。今天给你分享一个快速判断适合自己眉形的方法——看三庭比例。

我们的脸可以分为三部分：从发际线到眉线，是上庭；从眉线到鼻底线，是中庭；从鼻底线到下颌底线，是下庭。三庭长度要均等才好看。

上庭长的人不适合平缓的眉，挑眉可以缩短上庭长度。

上庭短的人则刚好相反，要画比较平缓一点的眉。

中庭较长的人，要稍微压低眉头，从视觉上缩短中庭的长度。同理，中庭短的人，就要抬高眉头，在视觉上拉长中庭长度。

大家可以先对着镜子观察自己到底是哪种类型，然后再选择眉形哦！

| 今日金句 | 学会接纳自己本来的样子，以健康的姿态在这个世界上活着。 |

33 让眉毛漂亮有型的修剪方法

画眉毛可是个技术活,明明是按着教程画的,可就是感觉哪里不对,其实问题出在修眉上!每个人的眉形不一样,不好好修眉就想画出跟教程一样的效果,是不可能的。今天就来给你分享一下修眉的基本技巧。

通过三个点,找到眉毛上需要修改的部分。

第一个点是眉毛中间,也就是两个眉头的中间,将这个部分的杂眉刮掉。

第二个点是眉峰,瞳孔外侧正上方是眉峰的最高点,保留眉峰,修掉眼睑部分的杂眉。

第三个点是眉尾,眉尾下降会让眼睛看起来很不精神,所以要将下耷的部分修掉,使眉尾上扬。

眉毛修好一次之后,就可以有一段时间不用修了,所以一点都不麻烦呢!保持一个漂亮的眉形,才可以画出好看的眉毛。

| 今日金句 | 修剪掉焦虑、恐惧,种下喜悦和成功的小树。 |

34 "手残党"也能快速画出自然眉形

很多小伙伴都反映，眉毛真是太难画了，一不小心就画成蜡笔小新，看起来还老了好几岁。今天就给你推荐一款画眉的神器——眉粉。如果你的眉毛本身比较完整，就可以使用眉粉，既容易上手，又可以画出蓬松雾面感和真实眉毛的毛流感。

建议选择市面上三色或四色的眉粉，叠加使用画出层次感，不要单用一个颜色从头画到尾，那样会非常生硬。

先用最深颜色的眉粉，从眉峰到眉尾，直接上色；然后选择淡一些的颜色，从眉头开始画，延伸到眉中。眉尾可以轻轻带过，这样看起来就有一个自然均匀的过渡。

学会了吗？只要两步，就可以快速画出一个自然、好看的眉形。

> 今日金句　工欲善其事，必先利其器，工具有时要比技巧重要哦！

35 不用带脑子的画眉大法

我们用一个小时化妆可以达到 90 分，但是用 10 分钟把最关键的部分化好，就有了 80 分，可以节省时间去做更重要的事情。今天就给你分享一个简单、快速画出百搭标准眉的方法——找出关键线。

这条关键线在哪里呢？就是在我们眉毛下沿的后半段，这条线是我们眉毛最深、界限最明显的地方，因此第一笔就是先画出这一条线。

画完这条线之后，再根据眉峰和眉尾两个点，连接线条，画出眉尾的三角轮廓。

然后从眉尾开始，慢慢往前一点点填充颜色，逐渐过渡到眉头位置。记住千万不能先画眉头，否则等着你的，就是蜡笔小新眉。

最后取出眼影刷，晕染一下眉毛上沿，弱化一下边缘的线条，就完美了。

| 今日金句 | 生活中有些事，必须花时间做，但总可以找到方法，不断优化。 |

36 一款不挑脸型的眉形

今天要给你分享一款很多明星都在画的"落尾眉",这是一款适合圆脸、长脸、鹅蛋脸、方脸、心形脸……几乎百搭的眉形。"落尾眉"是在一字眉的基础上稍稍改变,整体气质会多一分温婉柔情,少一些呆板。

具体画法是这样的:

先画眉形轮廓。确定眉头、眉峰、眉尾的位置。用稍微上扬的线条连接眉头和眉峰,眉峰要稍高于眉头,从眉峰开始,用自然的弧线下垂,注意下垂弧度不要过于夸张。眉底线也是先微微向上倾斜,在眉峰位置,沿着眼睛弧度自然延伸,与眉毛上端的线条连接。切记,眉峰不要过高,眉心要圆润一些。

之后填充轮廓,再用染眉膏固定颜色。画眉毛的时候稍稍带过就好,这样才显得自然,更好地凸显"落尾眉"女人味的柔情气质。

| 今日金句 | 永远做一流的自己,而不是二流的别人。 |

37 帮你瞬间改眉妆的小魔法

化完妆之后，左看右看对自己的眉毛不满意，是很平常的事情。可是遇到了这种情况该怎么处理呢？难道要整个卸掉重画吗？当然不用那么麻烦！今天就告诉你两个简单的小技巧，让你有后悔药可吃，快速改眉妆。

第一个技巧：先用一根棉签，蘸取少量乳液，在想要调整的眉形上擦拭一下，然后用修眉刀修整一下眉形，最后再用蘸取了眉粉的眉刷晕染眉形，就可以达到满意的效果。

第二个技巧：用小号的细长化妆刷，蘸取少量的粉底，在画错的眉形边缘轻轻遮盖一下，让眉毛的弧度变得更自然，最后用眉刷沿着眉形刷一下即可。

学会了吗？以后再画错了眉毛可不要慌哦，记住这两个小技巧就完全没有问题啦！

| 今日金句 | 不要去追求"零错误"，及时改正错误，比不犯错要好！ |

38 这款眉形，减龄又瘦脸

"野生眉"是纯天然美女的标配，它的精髓是能够保持眉毛的天然形态，能看到原始眉毛根根分明的样子，看似随意却又很精致，绝对是"伪素颜党"的必备，还能在视觉上聚拢五官，起到瘦脸的效果。

今天就来给你分享，如何打造自然、美观的"野生眉"。

画"野生眉"之前，要先用眉刷梳理好眉毛，不要框出眉毛的形状，直接用眉粉填充空隙，填充的时候颜色不宜过重，眉头颜色最浅，顺着眉毛生长的方向逐渐加深。

然后用眉笔轻轻画出眉毛边缘，让眉毛边缘有模糊的雾感，注意"野生眉"不是笔直的，而是略带弧度，要勾勒出一条自然的线条。

最后用眉刷将眉毛刷松就可以了。虽然"野生眉"看起来像是野生的，但还是不要偷懒，要记得定期把眉毛修整齐哦。

| 今日金句 | 生命原始而简单，简到深处自然美。 |

39 基础色大地眼影的惊艳效果

我们东方人的肤色以黄色为基底，所以不必考虑五颜六色的眼影，用大地色足以应付日常妆容，还会让我们的五官看起来更立体。

今天就给你分享巧用大地色眼影的技巧，分三个层次：浅色、中间色、深色。

浅色用来给眼妆打底，从靠近睫毛到眉骨的位置，在整个眼皮上方画上干净的底色。

选取中间色，从眼中之后到眼尾往上慢慢晕开，到眼皮1/2高度的位置，画下眼影也要用中间色。

选取深色，把眼睛闭起来，画靠近睫毛根部的位置，从眼尾开始，一直到眼头，往上晕染做渐层的效果。

还等什么呢？快把你的大地色眼影用上，化出既柔和又有放电效果的眼妆吧。

| 今日金句 | 使用低调的颜色，也能打造高贵的个人形象。 |

40 打造彩色眼影的小秘诀

我们在参加聚会、约会时，总是希望能有点变化，搭配心情和着装，尝试下彩色眼妆。但并不是每个颜色都适合画在眼睛上，今天我们就来分享打造彩色眼影的小秘诀。

我们可以根据色系来区分颜色，像绿色、蓝色属于冷色系，画在我们的黄皮肤上，很容易造成不干净的妆感，要尽量避免将它们使用在日常的眼妆中。

属于暖色系的橙色系、红色系，就容易呈现自然、好看的效果。

选色的时候，用指腹蘸取眼影，涂在手背上，仔细观察，如果眼影颜色在手背上显得污浊，则不适合用在眼睑上。

最后还要提醒你：彩色眼影使用单一颜色，更容易达到干净的效果，多色组合会给人很浓的妆感，最好不要轻易尝试。

| 今日金句 | 生命里，总要有一些日子，是色彩斑斓的。 |

41 容易上手的彩色眼影妆容

想换个心情，就画个彩色眼影。但要注意，彩色眼影不同于具有给眼睛消肿、使眼睛更加深邃等功能性的大地色眼影，不是高手就别乱搭配，建议使用跟我们服装、肤色搭配的单一颜色，才会显得干净。

怎样画好彩色眼影呢？

首先用眼影刷抓取足够的眼影，从睫毛根部开始，放射状晕染上眼睑，涂满整个眼窝。第一下落笔的位置，就是颜色最重的位置，所以第一笔要落在瞳孔中间贴近睫毛根部的位置。

其次用扁平的眼影刷，蘸取同色眼影，环绕下眼睑，从外眼角向内，由宽至窄，向前晕染，颜色外侧最深，慢慢向前淡化。

最后用高光来做点睛之笔，提亮内眼角、眉弓骨、瞳孔下方。

这样，完整的彩色眼影妆容就完成了，快选一个喜欢的颜色试试吧。

| 今日金句 | 每一朵花都有权利按自己的意愿绽放。 |

42 超简单的多层次眼影妆容

眼影妆容有层次感，眼睛看起来会更迷人。眼影的层次和晕染手法有很大关系，眼影有深有浅、有明有暗，才会更好看。

不会晕染没关系，今天我们来分享一个新手也能驾驭的"C字眼影法"。这个方法需要我们将眼影棒和眼影刷搭配使用。

先选一个中间色眼影，就是眼妆第二深的颜色，如浅棕色。用眼影棒蘸取眼影按压眼尾，眼尾会出现一个阴影块，用眼影刷轻扫阴影块的边缘，将眼影晕染自然。

再选最浅的颜色按到眼头，如浅米色，用同样的方法晕染。

最后用最深的颜色按压到眼尾，也是用同样的方法晕染。

再画上眼线，一个自然有层次的眼妆就画好了，当然也可以用眼影代替眼线，一样有放大眼睛的效果哦！

| 今日金句 | 就像你用读书打扮自己的心灵一样，好好化妆也是爱自己的表现。 |

43 大胆使用撞色系眼影

撞色在我们日常眼妆中比较少见，如果使用不当，不但妆效夸张，也容易显得土气。今天就给你推荐几种撞色眼影的搭配方法，让你成为聚会上最闪亮的明星。

优雅不落俗套的搭配法：淡金色做底色，眼角和眼尾用紫色，再用珍珠白色画下眼睑。

鲜嫩清新的搭配法：哑光嫩黄色做底色，柠檬黄做高光色，粉红色作为眼角和眼尾的阴影色。

另外，浅绿+鹅黄、藕荷+粉紫、银灰+宝石蓝，也都符合相同色系深浅搭配的原则，轻松上手不会出错。

如果要使用撞色搭配，一定要有一种颜色是珠光效果的，并尽量选择鲜亮的色彩。眼影晕染时要特别注意衔接过渡，将界限模糊掉，就能避免因颜色混杂而产生的脏脏的感觉。

喜欢什么颜色？赶快试试看吧！

| 今日金句 | 最适合你的颜色，才是世界上最好看的颜色。 |

44 化出女神标配的卧蚕妆

好羡慕明星们超大的卧蚕,不仅感觉眼睛大了几倍,而且笑起来又可爱又迷人,可是天生没有卧蚕怎么办?熬夜党只有眼袋、黑眼圈怎么办?没关系!今天就教你化出女神卧蚕妆的方法。

在化完日常眼妆后,先用不带珠光的浅棕色眼影,在眼下2～3毫米的位置来回轻扫,越靠近眼尾,颜色越要轻,不要和眼尾本来的眼妆混到一起。

然后轻轻晕开眼影,要自然过渡,不能看上去是一条僵硬的线哦!

完成卧蚕阴影后,蘸取一点浅色眼影,白色、浅粉都可以,在阴影和眼眶之间补充涂抹,起到提亮效果,这样自然的卧蚕就完成啦!

一定注意下手别太重,不然画得太厚,就成了眼袋了。

| 今日金句 | 不熬夜,才是最高明的化妆术,你有多自律,就有多美丽。 |

45 分分钟拥有魅惑大眼的下眼睑妆

说到眼妆，很多女生都会将重点放在上眼影，但其实呢，如果只画上眼影而不画下眼影，看起来就会像只穿了上衣没穿裤子，有种头重脚轻的感觉。把下眼睑的妆化好，跟修容是一个道理，会让你的眼形更接近标准眼形，起到让眼睛变大、变圆的效果。今天就来分享一下，下眼睑妆的化法。

首先用米色或浅棕色的眼影，在下眼睑的位置打底。

接下来最重要的一步，是用深色系的眼影涂满下眼睑的三角区域。

想要眼睛更大一点儿的话，用卧蚕笔提亮眼下中间部分，记得用量不要太多，不然就变眼袋啦。

最后不要忘了用睫毛膏刷下睫毛，下睫毛才是放大眼睛的关键哦！

拥有魅惑大眼的方法，你学会了吗？

| 今日金句 | 如果你的眼睛是睁开的，就会看到值得看见的东西。 |

46 告别肿眼泡的眼影妆容

很多单眼皮的女生存在上眼睑厚重的烦恼，也就是通常所说的肿眼泡，今天就给你分享一个能够消肿的眼影妆容——深浅色眼影组合，也就是"小烟熏妆"。

第一步，先用深棕色的眼影从睫毛根部开始，塑造眼线效果，深色区的范围以我们的眼睛平视前方时能够看到深色为准。

第二步，用比深棕色浅一个色号的棕色眼影晕染，可以大胆地晕染到眉毛的位置，边界要过渡自然，整个眼影的晕染范围，在眼角的位置结束。

第三步，用深棕色眼影晕染下眼睑，与上眼睑的眼影衔接，起到环绕效果。

我们也可以换个思路，把缺点转化为盲点，放弃修饰肿眼泡，突出唇部或眉毛的妆容，将视觉焦点转移到我们更有优势的部分，达到整体协调。

| 今日金句 | 了解自己的优势，才能一美遮百丑。 |

47 零基础自然眼线画法，包教包会

很多初涉化妆的人最头疼的部分，恐怕就是眼线了，今天就给你分享零基础画眼线的小技巧。

你可能会说，道理我都明白，不能画粗，但奈何手不听话啊！所以呢，我们建议新手选择棕色的眼线胶笔，画不好也不会像黑色的眼线那么凶。

第一步先画内眼线，抬起眼皮，露出睫毛根部，用眼线笔沿着睫毛根部，一点一点填补空隙，注意，是画在睫毛根部而不是内眼睑！

第二步是画外眼线，先在眼头、眼尾、眼中定三个点，然后从眼头开始，依次把三个点连起来。不小心画歪了的话，就用棉签蘸一点乳液，轻轻擦掉。

这样，自然不易出错的眼线就画好了，虽然简单，但也要经常练习哦！

| 今日金句 | 如果不天天练习，怎么可能成为高手？扮美尚且如此，何况是其他人生大事呢？ |

48 超简单的自然眼线画法

很多初涉化妆的人说，内眼线实在是太难画了，好害怕手一抖就戳到眼珠子。那今天就分享一个非常简单的眼线画法，不需要画内眼线，只要画眼尾部分的眼线就可以了。

首先，用眼线笔在眼尾的位置画出一条顺着眼尾的细细的眼线。

化好三角区之后，填上颜色，在刚刚画好的眼线的基础上，再将眼线往前稍微延伸一点，眼线就画好了。刷上睫毛膏，即使是小眼睛也炯炯有神呢！

所以呢，一双不太完美的眼睛，在眼线、眼影、睫毛膏的修饰下，也能够美出新高度。有空时多折腾一下，练练手，你一定也可以画出完美的眼线！

| 今日金句 | 接受自己的不完美，是美丽的开始。 |

49 一笔搞定眼线的方法，送给"手残"的你

要说化妆中最让"手残党"崩溃的部分，眼线认第二，大概就没有哪部分认第一了。不要慌，今天就给大家分享一个逆天的画眼线的方法——只用一笔就画好眼线！

我们要选择的工具是眼线液笔，因为它很柔软，笔头极小，对眼睛刺激不大，哪怕画歪了一点也可以补救，很适合新手。

一般我们画眼线都是从眼睛中部开始画，而一笔眼线要从尾部开始画。

先根据自己想要的眼线长度，在眼睛尾部选定一个点。

然后下笔，从定点往眼睛上眼睑中部带过去，慢慢加大力度，一笔就好，是不是很神奇？

还可以根据自己的喜好适当调整，如画长一点或者短一点，画下垂一点或者扬一点，只要在不同的定点开始画就可以了。

还等什么，赶紧练习起来吧！

| 今日金句 | 再简单的方法，也离不开日复一日的练习。 |

50 迷死人的下眼线，你也可以试试看

很多女士都说不能画下眼线，下眼线太强势，还显老，其实你看到的大部分都是画下眼线失败的案例。一个完美的妆容，讲究平衡的美感，今天就来教大家如何画出柔和、自然的下眼线。

选用咖啡色眼线笔，从眼尾开始，沿着睫毛根部画到眼头，创造出睫毛根部浓密、有深度的效果。

然后选择跟眼线笔颜色差不多的眼影，用小号刷子把眼线再叠加一遍，从眼尾画到眼头，要越画越细。再蘸中间色的眼影，从下眼线后 1/3 的地方往外晕染，加深眼线。

最后用深咖啡色，以点按加深的方式加深眼尾，往外晕开，创造自然的层次感。

只要用好这个方法，就很容易画出自然又有立体感的下眼线，你学会了吗？

| 今日金句 | 当把自己打理得井井有条时，所有鸡毛蒜皮的琐事，都不再面目可憎。 |

51 单眼皮、内双女士的眼线画法

单眼皮有单眼皮的好，很多国际超模都是单眼皮，一样很美呀。但是单眼皮女士画眼线总会遇到这个问题，因为睁眼后眼线会被挡住大半，于是拼命画粗，其实，细细的一条眼线画在眼尾，才是最适合单眼皮和内双的画法。

很简单，只要两步：

第一步：内眼线。画的时候把眼皮抬起来，把内眼线画在睫毛根部，这样会让眼睛有神得多。

第二步：外眼线。在眼睛的后 1/2 处开始，画一条细细的眼线，如果有画歪或者不满意的地方，用棉签稍微修整一下就大功告成啦。这样画，既不容易晕妆，也有放大眼睛的效果。

要是实在不会用眼线笔画眼线，那再教你们一招，用深棕色的眼影代替眼线笔，会更自然哦！

> 今日金句 | 时代的审美标准从不会一成不变，不如做好独特的自己。

52 你肯定想不到的眼线神器

今天要给你分享的是一款非常适合"手残党"画眼线的工具——眼影粉。很多女生不知道，其实用眼影粉画眼线效果非常好。

如果新手掌握不好眼线液笔之类的产品，可以把刷子用化妆水喷湿，然后蘸取黑色或深棕色的眼影粉来画眼线，非常好上手，容易修改，而且画出来的妆感也没那么重。

如果你使用了其他产品画好了眼线，也可以在最后用眼影粉去叠加一层，这样相当于定妆，就没有那么容易脱妆了，并且可以减弱生硬的线条感，让眼线看起来更加柔和。

用眼影粉画下眼线也会给眼妆加分，用深色的眼影粉晕染在下眼睑后半段，会比用眼线笔来画日常和自然很多。

用眼影粉代替眼线笔，容易画又好卸妆，赶快试试吧！

| 今日金句 | 生活不取悦我们，但我们可以创造不一样的生活。 |

53 调整不完美眼形的眼线画法

眼线除了能让眼睛变得深邃有神，最大的作用是可以帮我们调整不完美的眼形，今天分享的是"平拖眼线法"，这个方法对于过于上挑或者眼尾下垂的眼形，都能起到调整的作用，同时在视觉上将眼睛拉长。

在画好基本的内眼线之后，用手轻轻抻拉外眼角，将眼尾眼线向后平拖拉伸，然后松开手，这样一条平拖的眼线就画好了。

然后我们需要对它进行调整，过渡加宽外眼角眼线，方法是从后向前画，将眼线过渡自然。如果还是不够流畅，可以借助尖头小棉签，向后推抹眼尾眼线，让效果更自然。

最后可以将眼线粉点涂在画好的眼线上，为眼线定妆，防止晕染。

这就是可以调整眼形的"平拖眼线法"，你学会了吗？希望你多多练习，为气质加分。

| 今日金句 | 人可以不完美，但人要完整。 |

54 学生也能轻松学会的心机伪素颜眼妆

很多钢铁直男都声称素颜最美,要知道,他们爱的可不是素颜,而是素颜还那么美的容颜。今天教你的"伪素颜妆",非常适合日常上班、上学或面试,在让你神采奕奕的同时,还让别人看不出你化了妆。

眼妆是素颜妆的关键,画法超级简单:先画眼影,再画眼线,最后画睫毛。

眼影只需单色,用眼影刷蘸比肤色略浅一点的眼影扫在眼窝处和下眼睑,起到自然提亮的效果。

然后用棕色眼线笔画一条内眼线,眼尾不用拉长,主要填补睫毛空隙就可以,"手残党"也可以不画。

最后用睫毛夹把睫毛夹翘,睫毛膏选择纤长型的就好啦,从睫毛根部往上刷,让睫毛看起来长长的,根根分明。

是不是很简单,赶快试试吧!

| 今日金句 | 素颜不是关键,得体才是目标。 |

55 省事又显眼大的"极裸眼妆"

很多女明星似乎都开始"懒得"化眼妆了,可是她们并不是没化,而是运用了"极裸眼妆"的技巧。你知道吗?看似没化却有很多小心机的妆容,才是化妆的最高境界。

"极裸眼妆",三步就可以搞定。

第一步:用松散的刷子蘸哑光阴影色眼影,大面积地扫在眼窝,剩下的余粉可以顺带到眼眶下方与山根的交界处,制造眼窝的深邃感。

第二步:选择哑光质地的浅棕色眼影,用手指涂抹在眼皮上。眼尾的位置可以再加深一次,提升眼睛的轮廓感。

第三步:用细腻珠光的眼影笔,点在眼球中央凸起的位置及下眼睑眼头,用手指晕染开。

需要注意的是,眼妆已经很淡了,要搭配一个适合的眉毛才能让你颜值爆棚哦!

| 今日金句 | 恰到好处,是对生活的最好的描述。 |

56 放大双眼的终极大招

除了常规的眼线、眼影、假睫毛，还有什么好办法能使眼睛显得再大一些呢？今天就给你分享一个小妙招——用眉笔画假阴影。

重点是三个位置：眼头，双眼皮折痕处，卧蚕下方。

在眼头和双眼皮折痕后端，用浅棕色眉笔画出一些淡淡的阴影，会有加深双眼皮和放大眼睛的效果。但如果你的眼距过近的话，就不要画眼头阴影了。

没有卧蚕的女生也能用眉笔画出假卧蚕。找这条线的方法很简单，眯一下眼睛就好，记住下手一定要轻，不要画出一条生硬厚重的线。

还要特别提醒大家，画卧蚕，一定要把眼下瑕疵，如黑眼圈、泪沟遮干净，不然整个妆面就全毁了。

赶快试一试，化出又显大又好看的眼睛妆容吧！

> 今日金句：完全接受自己的人，会从内心生出一种自信和感恩之情。

57 眼睛会不会放电，就看有没有这个小心机

我们在化眼妆时容易有一种执念，就是一定要让眼睛显大，但要知道，化眼妆最重要的是眼神。让眼睛黑白分明、炯炯有神的关键就是：好看的睫毛。今天就给你分享一个"里外应和"刷睫毛大法，让你的眼睛在没有眼影、眼线的情况下，也能比平时有神得多。

方法很简单，第一步是先在睫毛上面从根部往顶部刷。

第二步就是常规的刷法，从睫毛下面从根部往顶部刷。

这个方法可以让睫毛蘸到更多睫毛膏。而且，睫毛会获得一个向上的力，没那么容易下垂，即使不夹睫毛，也会比平时更翘哦。

关于睫毛的这些小心机，就先分享到这里。记住，正确的用眼习惯也很重要，熬夜、长时间盯着手机屏幕看，也很容易使眼神呆滞，睫毛再翘也没用。

| 今日金句 | 心里有爱，眼里才有光。 |

58 眼妆改成这个颜色，温柔 100 分

化妆很有一套的石原里美，在她的写真集里做了妆容讲解，她说，为了达到温柔可人的效果，用得最多的就是棕色的眼线和睫毛膏。

棕色眼线比黑色眼线的存在感更低，和亚洲人的褐色瞳孔更加匹配，用棕色眼线笔画下眼线，会在无形中放大眼睛，让眼形更圆更可爱。

棕色睫毛相比又粗又黑的成簇假睫毛，也显得更加温柔，刷得再浓密也不会有黑色睫毛的厚重和不自然感，也有弱化眼神的作用，更能增加异域风情。有种"不知道哪不一样，看起来却不一样了"的效果。

眼部其他妆容也可以向温柔的方向靠拢：如用染眉膏淡化眉毛的颜色，瞳孔颜色过深，可以选择棕褐色的美瞳，这些小心机会让你显得更加温柔，惹人怜爱。

| 今日金句 | 女人的温柔，会保护我们的美丽。 |

59 拿什么拯救你，我的眼袋

浮肿的眼袋常常让我们伤透了脑筋，不但使整个人看起来没精神，就连年纪似乎也变大了！水肿型的眼袋，只能通过调整生活方式去改善，但如果要通过彩妆救急，还是有办法的。

选择米色的遮瑕膏，注意颜色不能太浅，也不能和粉底的颜色一样，这是使妆容显得自然的秘诀。将遮瑕膏涂抹在下眼睑的 C 区，用手指轻轻推开，重点是边缘处一定要衔接自然，而且涂抹的范围不能过大，否则会变成金鱼眼哦。

所谓的 C 区就是眼袋下方的区域，具体的位置，是我们眼睛向上看的时候，用手可以感觉到的眼球底部，这个位置只有 1 厘米那么宽，记得绝对不能涂抹过界。

容易有眼袋的姑娘，平时要注意多喝水，少摄入盐和咖啡因，保证睡眠，好好保养。

| 今日金句 | 愿你看过世间百态，眼神仍是少女。 |

60 不脱妆的睫毛画法，做天生的"睫毛精"

涂了睫毛膏的眼睛就像"开了挂"，又大又有神，可每到下午脱妆成大熊猫怎么办？今天就分享给你让睫毛不脱妆的全套技巧。

画好睫毛的关键，就是一定要保证睫毛够翘。

在夹睫毛的时候，一定要从睫毛根部夹才会翘。很多人习惯把两边眼睛全部夹完之后再刷睫毛膏，正确的方法是夹完一边马上就刷睫毛膏，这样才能保证睫毛的卷翘状态。

刷睫毛膏的时候眼睛向下看，从睫毛根部开始刷，才有足够的支撑力。如果你总是把睫毛膏刷到眼皮上，拿出一张小卡片，挡在睫毛的位置再刷就可以啦。

最后拿出一根棉签，用打火机燎一下木棒部分，有点热，但是又不烫手的程度就可以，从睫毛根部往上烫做个定型，你的睫毛就又卷翘又持久啦！

| 今日金句 | 女人最性感的地方是长长的睫毛。 |

61 准备两支睫毛夹，新手也能夹出漂亮睫毛

对化妆新手来说，夹睫毛很容易出现的一个问题就是，边边角角的部分很难夹到，如果我们反复去夹，想要弄翘，往往达不到目的，还会把正面的睫毛也夹出生硬的直角。没关系，有办法——准备一大一小两个睫毛夹，新手也能夹出漂亮、自然的睫毛。

先用普通大睫毛夹把大部分睫毛夹翘。眼头和眼尾等没有夹到的地方，换成更小巧的局部睫毛夹。

局部睫毛夹的面积小，更容易贴到眼部的角落，可以轻松夹到眼头和眼尾的睫毛，使它们和正面的睫毛保持一样的卷翘度。

当然工具只是助力，还是要多实践、多上手。另外，多吃鱼类、鸡肉、豆类等高蛋白食物，多补充维生素 A、维生素 C，也是对睫毛的美有帮助的！

| 今日金句 | 灵魂的深度，总是体现在细节的质感上。 |

62 多层睫毛不好夹？改用勺子试试

睫毛有好多层并且参差不齐的女士，如果用睫毛夹夹睫毛的话，很难夹到同一高度，卷翘角度会显得不够自然。今天给你分享一个逆天好用的方法——用勺子！

很简单，先挑选一把略微有弯曲弧度的金属勺子，手指拿住勺柄，将勺子的背面对准眼睛，凹槽面向外面。然后再依次用手指将睫毛贴近勺子，顺着勺子的弧度轻轻抬起睫毛。你会发现，这样夹，睫毛会保持在同一高度上，卷度自然有弹性。

勺子睫毛夹很好用，不论有多少层睫毛，睫毛都在可控范围内，轻松搞定。大家最好根据自己手的大小和眼形来挑选勺子型号，勺子越薄卷出的卷度越大。

刚开始卷可能会对不准、卷不到睫毛，多试几次，连化妆新手也能轻松卷得又快又好。

| 今日金句 | 不管过去的经验如何，此刻我开始相信"我做得到"！|

63 贴出自然、丰密假睫毛的小窍门

睫毛对于我们的眼妆有非常好的调整作用，如果你画眼线容易晕妆，可以用贴假睫毛代替画眼线。今天我们就来分享一下，如何贴好一个假睫毛。

在贴假睫毛之前，先要将自己的睫毛夹翘，这样就不会出现分层，也便于之后刷涂睫毛膏，达到自然的效果。

首先是涂抹胶水，先薄薄地涂一层，半干之后再涂一层，这样能够使假睫毛粘贴得更加牢固。

在粘贴假睫毛时，闭上眼睛，用手稍稍拎起眼皮，将假睫毛中段先贴在眼睛中间的部分，然后再贴前眼角，最后贴眼尾。

贴好后及时用棉签按压假睫毛根部，睁开眼睛，调整睫毛角度，这样我们的假睫毛就贴好了。

在贴好假睫毛之后，用睫毛膏刷涂睫毛根部，黏住真假睫毛，保证我们的睫毛有一个最自然的效果。

| 今日金句 | 你眼睛里有光，世界便是暖的。 |

64 告别塌睫毛、苍蝇腿、易晕染

当我们想要刷出像洋娃娃一样的睫毛效果时,常常不小心涂太多睫毛膏,会让眼睛上看起来有一坨一坨的睫毛膏,一点儿也不美。今天给你分享一个刷睫毛的小技巧,可以让睫毛干净、卷翘,不会造成苍蝇腿的状况。

这个方法很简单——准备新旧两支睫毛膏。

新的睫毛膏湿润,旧的膏体则干一点。一支新、一支旧,彼此中和,帮你刷出浓密又自然的长睫毛。

先用旧睫毛膏打底,刷睫毛根部位置,增加睫毛浓密度。

然后用新的睫毛膏,从睫毛中部开始刷到睫毛头。新睫毛膏的膏体润,延展性好,适合用来拉长睫毛。

这样交替着刷,既能保持睫毛根的卷翘,也不会把睫毛刷成苍蝇腿。

学会了吗?再有用旧的睫毛膏,可不要扔掉哦!

| 今日金句 | 干净的人,只是默默站在那里,就有十足的吸引力。 |

65 用对腮红，有元气，显脸小，气色好

我们都知道口红是显白、提升气色的神器，其实腮红用好了，也有同样的效果，还可以修饰脸型。专业的化妆师会准备好几种颜色的腮红，以便化出妆容的层次感，但我们日常大多只会准备一种颜色，今天给你推荐一种绝对不会出错的腮红颜色——珊瑚色。

珊瑚色也可以理解为水蜜桃色，或是三文鱼色，就是那种带点粉调的颜色，非常适合亚洲人，不管你的肤色是偏红还是偏黄，在各种场合使用都很合适，也不会显得太过突兀。

再有就是要确定好画的位置，在你的苹果肌往上鼓起的位置，不要低于鼻翼，这样才会有脸部提升的效果。

略显羞涩的脸庞才是最好的减龄神器哦！

| 今日金句 | 少就是多，先驾驭好最基本的方法，再去挑战更时尚、更特别的妆容。 |

66 腮红"瘦脸术"

腮红除了可以提升气色，也是修容的一个部分，能够帮我们的面部增加立体感，达到瘦脸的效果。

想用腮红瘦脸，要准备深浅不同的两种颜色。

先将浅色的腮红，如橙色、粉色，以点拍的方式刷在苹果肌。很多教程会告诉你先微笑，再刷苹果肌，这是非常典型的错误，因为笑的时候，苹果肌会被提起来，刷完不笑再看看，位置就下来了，显得面部下垂，很老气。所以一定要平静地看着镜子。

然后再借助临近色系的深色腮红，如砖红色、浅棕色，轻扫在颧骨最高的部分，向内衔接到浅色腮红，利用大面积的侧脸腮红代替修容来塑造灰面。

这样的方法比修容粉更加适合东方人，而且会让人看起来有一种温柔古典的感觉哦。

> **今日金句** ｜ 学会了"以柳为态"，还要记得"以诗词为心"。

67 娇俏软萌的减龄腮红

腮红是妆容中的点睛之笔，除了让人觉得气色好，还有种"红了脸"的羞涩感。选个粉嫩的颜色，画上一款苹果肌腮红，即使不走可爱路线，也会显得元气满满。

这款可爱甜美的腮红，其实就是在苹果肌上涂，很多人容易把苹果肌和颧骨搞混。这里多说一句，苹果肌是眼下大约2厘米位置的一块脂肪，呈倒三角形状，笑时会稍稍隆起。

另外，操作的时候要注意用画圆圈的手法，这样画出的苹果肌看起来更加圆润饱满。

约会时还可以尝试苹果肌腮红的升级版画法——桃心腮红，让你的可爱值加倍。在苹果肌的位置用腮红刷画一个桃心的形状，用海绵轻轻晕开就好了。虽然有点夸张，不过真的呆萌可爱，大胆去试试吧！

| 今日金句 | 一半柔软一半坚韧，一边是娇美一边是帅气，这是一位淑女的才德与魅力。 |

68 让人桃花附体的眼下腮红

最近在韩剧中看到一些小姐姐的美貌太让人心动了,尤其是眼下腮红,就像是皮肤自然透出的淡淡红晕,很有少女感。不过想要尝试这个妆容,可是有技巧的,否则一不小心就会把脸画肿,别急,今天就来和你分享眼下腮红的小技巧。

虽然叫"眼下"腮红,但是腮红的位置不能太靠近眼睑,否则会显得眼睛肿,应该画在眼睑下 1～2 厘米的区域内。腮红的范围要向内集中,不要外扩,不要超过鼻尖和颧骨外侧,否则容易显得脸大了一圈。

最后来说说颜色,粉色、粉橘色、蜜桃色等浅色系腮红都很适合打造眼下腮红,红棕色等偏暗的色系就不要考虑了,画在眼下会有"黑眼圈"的既视感哦!

| 今日金句 | 你没法要求春天永驻,但可以对它说:"请用春的希望保佑我。" |

69 拯救"干"尬唇

我们化唇妆的时候，很容易光是在意口红色号，却忽略了唇部护理，一旦出现唇纹、脱皮这些现象，涂再贵的口红也是白费，作为一个衣着考究的精致女孩，怎么能被这些细节拖后腿呢？

如果你的嘴唇已经有了干纹、皮屑，今天分享的救急方法一定可以帮到你。

前一天晚上，在嘴唇上敷上厚厚的一层凡士林晶冻，第二天早上，用柔软的牙刷轻轻刷一下嘴唇，再准备一块小毛巾或化妆棉，蘸取温水，轻轻擦掉就可以了。这时，嘴唇上的死皮全部被轻松去除，保证还你一个柔软、嫩滑的嘴唇。

当然，以后一定要坚持在日常进行唇部保养，每天夜里要使用唇部精华，妆前要使用护肤的唇油，记住了吗？

| 今日金句 | 精致得体，是对他人表达爱与尊敬的方式。 |

70 涂口红前这样做，唇妆才能好看

我们在涂口红之前，一定要注意护唇。如果你嘴上的死皮、唇纹很多，不管涂什么色号的口红，都一定是坑坑洼洼的，没有质感。为了提升我们妆容的精致度，大家一定要养成良好的习惯，按照正确的步骤化唇妆。

第一步，在化妆刚开始涂护肤品的时候，就涂上护唇膏，让护唇膏在化妆过程中被慢慢吸收，等到涂口红这一步时，再用纸巾把护唇膏抿掉，防止上妆打滑。

第二步，用少量粉底遮盖一下唇色，并用散粉定一下妆，能避免唇色过深对口红颜色的影响，定妆也可以防止口红与粉底融合变色。

下面我们就可以涂口红啦，试试看，效果一定会好很多。平时一定要注意定期去角质，后续的护唇产品才能被更好地吸收哦。

| 今日金句 | 聪明的人，都懂得先准备好自己。 |

71 调整唇形的自然唇妆化法

我们本身的唇形总是没那么标准，还容易出现唇线过于模糊等问题，想要化一个好看的唇妆，首先要调整唇形。最标准的唇形是什么样的呢？就是下唇比上唇饱满，或者上唇、下唇相接近。今天就来给你分享修饰唇形的方法。

第一步，用遮瑕膏遮盖唇部需要调整的部分。

第二步，选择一支与唇色接近的唇线笔，调整上下唇的厚度，扩充需要显得饱满的部分。

第三步，修饰唇角，找准上唇、下唇形成的角度，就像一个大于号（>）的形状。

第四步，建议使用唇刷来刷涂唇膏，落笔最重的位置就是颜色最重、我们最想要强调的位置，要放在修饰过的唇线边缘。

第五步，用遮瑕膏向上提亮唇角，塑造一个唇角上扬的微笑唇效果。

这样你的唇妆就会完美很多哦！

| 今日金句 | 如果你很伤心，就涂个红唇，然后进攻吧！ |

72 这样画，轻松驾驭大红唇

涂上大红唇，气场立马"两米八"，可是我们对于浓郁的唇色，通常比较抗拒，抗拒的并不是颜色本身，而是怕自己画不好唇形，手一抖整个垮掉。今天就给你分享一个简单易学的化唇妆的方法——拍打法，这个方法对于颜色浓郁的口红尤其合适。

我们先用液体口红，点涂在上唇、下唇的中央，然后噘起嘴唇，用指腹轻拍均匀，最后微张嘴唇，在我们的唇角两边，上下轻轻拍打，一个自然的唇形就塑造出来了。

这样涂抹红唇，能使嘴唇均匀地被口红覆盖，并且在拍打的过程中产生颜色渐变，边缘线十分柔和、自然，完全不用担心技术不够，边缘画不整齐。

马上画一个好看的红唇出门吧！

| 今日金句 | 不要怕尝试，带着一分好奇、一分勇气、一分赤诚，一直做一个元气少女。 |

73 画出微笑唇，打造少女感

说起少女感，很多人觉得主要来自自身的脸型和五官，其实靠妆容也可以打造。少女感妆容的关键部位是嘴唇，微笑唇是最能突显少女感的唇形。嘴角上弯，让人觉得随时都在笑，少女感自然而然就来了。今天给你分享的是化出微笑唇妆容的关键技巧——用遮瑕膏矫正唇形。

微笑唇妆容的基本思路，就是要将上唇线由弧度向外改成弧度向内，操作起来非常简单，用遮瑕膏遮住部分上唇线，让弧度看起来向内，就可以了。

接下来，为了让嘴角看起来上翘，再用唇刷蘸取口红画出一点向上翘的弧线，最后用透明唇釉给唇珠上高光，让嘴唇水嘟嘟的。

这就是拥有少女感的唇妆的方法，马上试试吧！

| 今日金句 | 心情不好，不妨笑一下，假装微笑，装着装着就成真了。 |

74 红唇画得对，男神天天追

对于职场新人，整体造型的重点是要摆脱学生的青涩感，唇妆至关重要。但涂红唇是个技术活，要想唇妆饱满又干净，可不是随便涂涂就行的，今天就来分享一下如何涂出超美的红唇。

现实生活中，除非你的唇形非常标准，否则很难一下子就涂出饱满、圆润的效果，这时我们需要准备唇刷、遮瑕膏和遮瑕刷。

先把口红正常地涂抹在唇上，如果涂得一点也不流畅，没关系，拿出唇刷来描边。如果描过之后还是不够干净利落，这时我们就可以上遮瑕了，注意遮瑕的颜色一定要和我们的肤色接近，不要太白。用遮瑕刷刷几笔下来，唇线就会非常干净利落而且有立体感。

最后再用散粉给涂过遮瑕的部分定妆，这样干净又高级的大红唇就画好啦！

| 今日金句 | 一个美丽的灵魂会有一个美丽的外表。 |

75 这样画唇妆，拥有"初恋颜"

清纯无公害，自然清新不妖艳，让人看着干净舒服，才是"初恋颜"的衡量标准。今天给你分享一个唇妆的画法，让你也能拥有迷人的"初恋颜"。

水润饱满的唇部会有减龄的效果，粉嫩的双唇能呈现出唇部最完美的状态，许多韩剧中的女主角会用透明或淡粉色的唇釉打造水润感。

先沿着自己本身的唇形外缘用高光效果的唇线笔勾画唇线，然后用手指轻点唇线做晕染。

接着重点来了，在上唇、下唇的中心位置点画上透明或淡粉色的唇釉，Q弹感十足的唇妆就完成了。

还要注意，平时要加强唇部护理，定期对唇部去角质，然后再敷上唇膜。同时护理后不要忘记涂抹润唇膏，这样才能长久拥有柔软、粉嫩的双唇哦。

| 今日金句 | 你的心要如溪水般柔软，你的嘴唇要像春天般明媚。 |

76 唇色深的人怎么涂口红

唇色深的女士应该深有体会，只敢选择显色力强的深色口红，可是，唇色深的人这辈子就跟粉色、西柚色这些仙女色系绝缘了吗？今天就来教你自救的方法。

最有效的方法是手动遮盖。可以先用裸色唇线笔勾勒唇边，确保对边缘唇色的遮盖，之后再用美妆蛋或化妆刷上的余粉给唇部遮瑕。用这种方法，既能遮盖唇色，又很容易画出咬唇妆。

涂口红的时候，在嘴唇中央小范围画上口红，配合手指或者唇刷晕染就好啦。

可是遮盖其实治标不治本，想要真正淡化唇色，还要注意以下三点：第一，注意唇部卸妆；第二，使用带有防晒系数的润唇膏；第三，要坚持用唇膜。

这样日积月累，相信我，一定会有回报的！

| 今日金句 | 高跟鞋是武器，口红是底气，临危不惧，一步步前行。 |

77 口红一次只能用一种颜色吗？试试这个方法

口红一次只能用一种颜色吗？当然不是！喜欢看韩剧的你，一定对渐变唇不陌生。所谓"渐变唇"，就是用两种颜色打造出来的唇妆，颜色丰富，嘴唇也会显得更加丰满和性感。

今天就给你分享一个基础的渐变唇妆的画法，给你的美丽加点料。

第一步：用化妆海绵蘸少量遮瑕膏，将遮瑕拍满唇部。

第二步：用唇刷在下唇中间部分涂上亮红色唇彩，慢慢往外刷，可以让唇色更有层次感。

第三步：抿一下嘴唇，让上唇也能沾上颜色，并将上唇的颜色晕染开。

第四步：在嘴唇其他部位涂上亮色的唇蜜。

这样，一个基础的渐变唇妆就完成啦，快去找出你最喜欢的两款唇膏，打造出属于自己的渐变唇吧。

> **今日金句** ｜ 不愿意尝试变化的心，是你形象更新、活出新生命的阻拦。

78 我的唇妆，吃饭、喝水、下雨全不怕

如果只能带一种化妆品，很多女士都会选择口红，就算不打底、不化眼妆，每天也一定要涂上口红才能出门。但偏偏唇妆是所有妆容中最容易花掉的，这怎么能忍？今天就给你分享能让唇妆服帖一整天的小秘密——三明治法。

先用润唇膏涂抹双唇，等 5 分钟左右让唇部吸收。接着用粉底或遮瑕膏为嘴唇打底，让后续的口红显色度更好。

然后用唇线笔勾勒唇形，用口红均匀上色，将唇线内涂满。

最关键的部分在这里，口红涂好后，隔着纸巾在唇部打一层蜜粉，为唇妆定妆。

最后，再一次将口红涂抹在双唇上，这样，持久力强的唇妆就完成了。

赶快涂上好看的红唇去约会，大胆和男神接吻，也不会尴尬。

| 今日金句 | "送你一支口红，每天还我一点就行。"这是最撩人的告白。|

79 散粉的妙用，化妆师级别的小技巧

我们定妆用的散粉，其实还是保持完美妆容的利器，今天和你分享一些只有化妆师才知道的小技巧，快来看看能不能拯救你的妆容。

首先，眉毛定妆，在画好眉毛之后，用一个小伞刷，蘸一点散粉，在眉毛上轻轻定妆，这样眉妆就会很持久了。

我们画眼影时很容易把眼下弄得特别脏，为了避免这种情况，可以在画眼影的时候，在眼下铺厚厚的一层散粉，等画完眼影后，再把散粉扫掉，这样你的眼妆就会非常干净。

散粉还可以用来干洗眼影刷，蘸取完深色眼影，再蘸取浅色眼影的时候，眼影刷很容易串色，这时我们用刷子蘸一些散粉，再用纸巾擦干净，就会防止串色。

这些超级好用的小技巧，赶快试试吧！

| 今日金句 | 真正优雅的人都存有谦卑的心，愿意学习，不会因为挫败变得固执。 |

80 魔法定妆技巧

底妆的成功与否，定妆这一步占了80%，在选取了合适的散粉之后，你是否也掌握了完美的定妆技巧呢？今天就给你分享一下完整的定妆步骤。

首先将蘸取了散粉的绒面粉扑，扑在全脸的各个部位，均匀地拍打定妆，在肤色不均匀处要多扑一下。

接着用散粉刷蘸取散粉，轻薄地、细致地采用由内向外、从上向下的打圈方式在脸上涂抹。最后用散粉刷，扫除面部多余的散粉末，使脸部达到没有"粉迹"的效果，定妆就完成了。

还有一点需要注意，我们在化底妆时，通常不会忽略颈部、耳背等面部"死角"，那么，在定妆的时候，同样也不能忽略这些地方，也要记得用散粉刷轻轻扫一下，这样，整体的细腻感就出来了。

赶快学起来，做个清爽、精致的女孩吧。

| 今日金句 | 不要在你最好的年纪，最不在意自己。 |

81 超长"待机"、不脱妆的定妆大法

说起脱妆，那可是很多女士的心头刺，特别是到了夏天，出门才1小时，妆就花了，其实只要做好定妆这一步就完全不用担心。今天就告诉你超级持久又不干的定妆技巧——烘焙定妆法+定妆喷雾，保证让你的妆容"待机"10小时以上。

烘焙定妆法，就是在上过底妆之后，用打湿了的美妆蛋蘸大量散粉，拍在脸上最容易出油和遮过瑕的地方，如眼下、T区、下巴。让散粉在脸上停留5～10分钟，这个时候可以去画其他的部位，等时间到了，再用刷子把多余的散粉扫掉就可以了。

最后在脸上喷上定妆喷雾，就完全不会有粉质感很强的现象，并且会更有光泽感，超长"待机"定妆法就完成了，一定要试试！

| 今日金句 | 一个良好的习惯，可以带来一种持久的幸福感。 |

82 打造持久的哑光感妆容

今天给你分享一个能够打造哑光感妆容,并且能让妆容的持久力和遮盖力都大大增强的小妙招——"粉底+散粉"大法。

首先把粉底液挤到掌心中,然后混合进去一些散粉,接着把粉底液和散粉搅拌均匀,可以用美妆蛋混合,也可以用手指。

混合之后的粉底液,能够明显感觉到黏稠度增加,仔细看的话,能看出颗粒感。

将混合之后的粉底液均匀地涂抹在脸上,妆容会变得特别细腻,有一种高级的哑光感,而且持久度也会增加很多。

美妆技巧这件事,与你的肤质和当天的状态有关。如果皮肤太干,这个方法可能就不太合适,感兴趣的女生,可以大胆尝试一下,看看这个方法是不是适合自己。

> **今日金句** │ 如果你在学习新的事物,请相信我,你会越来越觉得轻松和容易。

83 这样化妆，去游泳都不怕

想要到泳池或是海边拍好看的照片，结果浪花袭来，妆就没了。炎热的天气里，妆容最重要的就是要防晒、防水、防汗。今天就给你分享一个超级防水的夏日泳池妆。

首先，要多涂防晒，底妆尽可能轻薄，眼妆和眉毛的部分不要过分强调。眉毛可以用防水的液体眉笔简单画一下，画出大概的轮廓就好，眼妆呢，可以用显色度比较高的眼影膏，这样不容易掉色。

接下来我们可以在唇妆上做一点小心机，用有防水效果的染唇液，选择一个抓人眼球的红色，提升整体的妆感和气色。染唇液会逐渐浸入嘴唇，唇色仿佛自带的一样，而且不易脱妆。

这个方法是不是级简单又快速？这样化妆，人人都可以是出水芙蓉。

| 今日金句 | 带着爱去装扮自己，我们的身体也会以鲜活的健康与能量，回应我们。 |

84 妆后起皮的急救方法

有时候我们辛辛苦苦化好妆,却发现有粉底结块或是起皮的现象,干燥、敏感的肌肤尤其容易这样。是卸妆重新化,还是带着小小的瑕疵出门?不用焦虑,今天分享给你一个急救的小技巧,轻松搞定妆后起皮。

首先用化妆水浸湿棉签,用棉签局部擦拭,清除皮屑,注意动作一定要轻盈。因为在处理皮屑的时候,也会带走之前涂的粉底,所以我们接下来再薄薄地补涂一层妆前乳,在妆前乳干透之前,补涂粉底就可以了。

如果害怕皮肤干燥,就不要再使用定妆粉,改用定妆喷雾。当然,这只是急救的方法,如果你的皮肤实在是容易起皮,日常的护肤和饮食起居就要多加注意了!

| 今日金句 | 漂亮是由基因决定的,但好看和精致,却是一种能力。 |

85 上班族必备的急救补妆法

我们平时上班要带着精致的妆容在外面待一整天，难免会遇到花妆的问题，无论多贵的化妆品，只要出汗、出油，都会花妆，今天就给你分享上班族必备的补妆技巧。

分为两步：

第一步，准备一支矿泉水喷雾，喷于面部，用纸巾轻轻按一按，蘸走多余的水分和油脂，并仔细观察，用手指轻轻推开粉底产生皱褶的部分。

第二步，用干粉饼蘸少量粉，先对着鼻翼两侧、下巴、额头中间、眉骨上方等容易出油的T区补妆，然后再向两颊的部分延伸。如果你的皮肤属于较干的皮肤，建议把干粉饼换成气垫，这样可以为皮肤带来更好的光泽感。

学会了吗？按照正确的方式补妆，才能给你的气质加分。

| 今日金句 | 精致、整洁、自律，比扮美还要重要哦！ |

86 什么样的卸妆产品适合你

今天我们来聊一聊卸妆。卸妆很重要，因为彩妆并不会对皮肤造成伤害，但如果没有卸除干净，就会造成敏感、色素沉淀、干燥等问题，所以绝对不能忽视卸妆。卸妆产品有很多，如卸妆水、卸妆油、卸妆膏，到底该选择哪一款呢？

油性肌肤选择卸妆水——在清洁肌肤的同时，也能带来一定的补水效果。

干性肌肤选择卸妆油——适合干性肌肤的同时，卸妆油也比较适合卸除浓妆。

混合型肌肤选择卸妆膏——卸妆膏有按摩膏的功效，除了能卸妆，还能带走一些老废的胶质，让皮肤恢复柔软的质感。

眼睛和唇部比较敏感，用了防水类眼妆和唇妆产品的女生，最好选择专用的眼唇卸妆液。

最后要注意，洗脸和卸妆要完全分开进行，你学会了吗？

今日金句	愿你能站在舞台中央，也能洗去铅华，过简单的生活而从容不惧。

87 洗脸也要"少量多次"

我们在看化妆教程时经常看到"少量多次"这个词，但你知道吗，如果洗脸也采用这个经典手法，可以达到护肤的功效。今天给你分享皮肤科医生推荐的"少量多次"洗脸大法。

具体来说就是，使用凝胶质地的清洁产品，一天洗 4 次脸，要注意卸妆和洗脸的时间加在一起不要超过 30 秒，目的是为了让皮肤角质稳定更新，一直保持新鲜健康，关键是这个方法适用于所有肌肤哦！

不要担心化了妆洗不干净，因为清洁次数增加了，不会导致化妆品残留，而且洗脸超过 1 分钟会造成过度清洁，伤害皮肤。很多人说自己的面部肌肤过敏泛红，就是因为洗脸的方式不对。

还不赶快丢掉原来的习惯，从今天开始就科学地洗脸！

| 今日金句 | 保持洁净与恩慈，即使不置身于幽静的山谷，也能留出一片清净天地。 |

88 紧急化妆术：一支口红搞定全妆

我真的特别佩服能坚持每天上班都化全妆的人，毕竟每天要早起半小时化妆，可不是每位女士都做得到的。今天就教给你一个救急的小技巧：用一支口红完成全部妆容。

口红化唇妆就不用说了，这里主要分享两个重点：眼影、腮红。

首先是眼影，把少量口红抹在无名指指腹上，轻轻按压在眼皮的后 1/3 处，轻轻拍开，注意是用无名指轻拍而不是涂抹，因为无名指力道最小，不会拉扯眼皮而产生细纹。

其次是腮红，先把口红点涂在苹果肌的位置，轻轻点几下就可以，下手不要太重，遵循少量多次的原则，用手轻轻拍开，晕染在苹果肌的位置，腮红就完成啦！

怎么样，是不是很简单？即使是上班时没化妆却突然接到约会邀请，也不怕啦！

| 今日金句 | 有时候，限制反而能激发创意。 |

89 学会这个"快手妆",每天多睡半小时

身为起床困难户,几乎每天都要重复这样的经历:听着闹钟终于迷迷糊糊地爬起来,但离迟到也不远了。可作为奋战在美丽最前线的女士,就算冒着踩点上班的风险,也不能裸脸出门是不是?那么如何才能把妆容化得又快又好?今天就来教你一个"快手妆"的小窍门——遮瑕膏打底+一个妆容亮点。

全脸打底耗时太长,我们可以用遮瑕膏代替全脸打底。用遮瑕膏重点涂抹瑕疵部位,再用指腹推匀,一样可以快速拥有自然好肤色。

然后打造一个妆容亮点,亮眼的唇妆也好,鲜明的眼线也行,"快手妆"不用面面俱到,为脸部创造一个点睛的亮点就可以了。

掌握了这个"快手妆"的小窍门,明天就放肆地赖床吧!

| 今日金句 | 让生活保持在超级简单的状态,把时间放在最重要的事情上。 |

90 一个腮红，搞定全脸桃花妆

想要在春暖花开的季节增加桃花运，那些吃土色、姨妈色的妆容就不能要啦，这个季节就得粉嫩粉嫩的，出门自然要化个桃花妆。今天就给你分享一个超级简单的桃花妆画法，一个腮红就能搞定全脸，谁画谁可爱。

我们选择颜色粉嫩一点的腮红，分别点在眼尾、额头、鼻尖、苹果肌、下巴，然后用美妆蛋全部推匀就可以了。不过要注意下手千万不要太重，否则看起来像是被打了。

还可以尝试用腮红来画外眼线，打造桃花眼，从眼皮中间位置开始，蘸取腮红画一个微微上扬的眼线。

最后再来一个粉嫩的闪光唇，不管你平时多"爷们儿"，现在绝对是很有女人味，赶快穿上漂亮的衣服去偶遇吧！

| 今日金句 | 保持对美好的迷恋，生活里就有不灭的生机。 |

91 让男神怦然心动的"素颜妆"

"素颜妆"是要通过一个精致的化妆过程来达到素颜的效果,"素颜妆"有一种柔和的美感,非常适合约会哦!今天就来给大家分享化好"素颜妆"的要点。

底妆部分:要用水润的妆前乳,用浸湿的海绵蛋上粉底。

腮红部分:用粉色腮红点涂苹果肌,增加亲和力。

眼妆部分:选择淡粉色或珊瑚色这类淡色眼影,用大毛刷晕染整个眼窝,用大地色眼影代替眼线。

唇妆部分:选择颜色自然的口红,以指腹点涂拍打的形式上妆。

眉毛部分:用扁平眼影刷蘸取眼影粉,扫出眉形,边缘虚化过渡即可,避免硬朗的线条。

睫毛部分:选择纤长型睫毛膏,夹翘睫毛后立即刷出根根分明的效果。

这些就是"素颜妆"的重点,你这么聪明,肯定能成为一个低调、精致的美少女。

| 今日金句 | 最大的优雅,在于点点滴滴敬重自己。 |

92 干练职场妆容给你加分

如果你已经做到了公司管理层，或者需要出去见客户谈判，就要体现出强势、干练的气场，这时我们的妆容要做出一些改变，需要注意以下两点：一是线条的体现，二是颜色的体现。

首先，要让面部线条看起来棱角分明，重点是眉毛和眼线。

想要强势的感觉，就要画出眉峰，眉毛的线条要尽可能清晰；职场眼线的线条要简洁、利落，可以不画外眼线，避免妆感太浓。

颜色则体现在眼影和口红颜色上。

职场妆容最忌讳浓妆艳抹，在眼影上偏自然的大地色系为最稳妥的选择。口红可以使用偏红、偏深的颜色，但质感一定不能是太过油亮的，唇部的边缘要饱满清晰，也要画出唇峰。

职场妆容最好搭配沉稳的冷色系服装，为我们的气场加分。

| 今日金句 | 化妆是一种职业操守，它会让人感觉你是训练有素的。 |

93 有精神的好气色妆容，只多了这一步

长期加班熬夜，让你的肌肤暗淡无光，看起来好像总是没休息好。没关系，今天就来抢救你的美丽。只需要在彩妆中增加闪亮亮的珠光蜜粉，就能让你更有精神，而且细致珠光的粉嫩效果还有减龄的作用。

先在全脸涂抹饰底乳，轻轻推匀，为肌肤增加润泽感；再以轻点的方式涂抹粉底霜；然后用刷子将珠光蜜粉轻扫在全脸，增加光泽感。最后将淡粉色的腮红大面积涂抹在脸颊上，增加血色感，就可以啦。

闪亮的妆容搭配上颜色亮丽的服饰，会让你显得更有精神。

当然，在平时更要注意保养，如果不能在晚上10点前休息，也要在这个时间把脸洗干净，涂上护肤品，记住了吗？

| 今日金句 | 用赞赏的目光看自己，相貌平平的人，也会变得越来越光彩照人。 |

94 戴上眼镜也能好看 10 倍的妆容

今天要分享的是"眼镜妆",如果你也是戴眼镜的女士,那我们就开始吧!戴眼镜的时候,我们的眉毛和唇妆最好不要过分强调,自然就好,重点是眼妆部分。

首先要注意眼下提亮。可以用提亮效果不错的遮瑕产品在眼下晕染开,然后在脸颊两侧刷腮红,叠加高光,提升脸部轮廓。

再有就是,戴眼镜时一定要增强眼妆的存在感,眼线是必须要画的,并且要适当拉长,这样可以让眼睛非常深邃,在镜片外也可以看到。眼影尽量选择哑光系的大地色系眼影,深棕色和浅棕色叠加,避免大面积的珠光色。

最后需要注意的是,下睫毛一定要刷得很明显,这样才能更好地放大双眼。

学会了"眼镜妆"的小秘籍,再也不用担心双眼电力会被镜框挡住啦!

| 今日金句 | 一双眼睛可以不漂亮,但眼神必须美丽。 |

95 唇妆和眼妆怎么搭配才显高级

口红的颜色很漂亮，眼妆也画得很棒，可是怎么看起来怪怪的？化妆一定要注意整体搭配，最怕眼影、腮红、口红不协调。

要注意：整体妆容颜色不要超过 3 种！

在日常生活中，唇色应该选择眼妆的同类色、近似色，这样眼妆和唇妆才能成为一个整体。例如，大地色、珊瑚色、日落色这种暖调的眼妆，搭配红色系、橘色系的口红；紫色、藕荷色这种冷调的眼妆，搭配粉色系唇妆会更好。

还要注意，唇妆和眼妆要一深一浅搭配，这样妆容才会有重点，不烦琐。如果化了烟熏妆，贴了浓密的假睫毛，要用饱和度比较低的口红颜色；如果画了颜色浓郁的口红，那么眼妆就一定要淡。

赶快去为自己搭配几款完美的妆容吧！

| 今日金句 | 只有把握住正确的方向，才能看到迷人的好风景。 |

96 少女感的眉眼妆

这个世界绝不会有人拒绝"年轻",怎样才能拥有少女感呢?最简单的方法是改变我们的眉眼妆。

首先,改变眉形。柔和、平缓的眉形及较大的眉眼间距,可以带来"少女感"的视觉感受。我们可以选择柳叶眉、弯眉这类比较柔和的眉形。放弃一字眉、粗眉、剑眉、挑眉。

其次,眉眼的颜色深浅也会影响少女感,颜色越深越容易给人成熟感,所以要选择浅色的眉色和眼影色。

最后,还可以改变眼形。偏圆的眼睛更容易产生少女感,所以我们在打造少女感的眼妆时,不要刻意强调内眼角和上扬眼尾。画眼线的时候,眼线到眼尾即止。也不要刻意描绘下眼线,只在下眼睑画一道提亮的珠光眼线,是不是更自然更有无辜感?

想要显得更年轻,就试着调整一下眉眼妆吧!

| 今日金句 | 保持笑容,才是最好的化妆。 |

97 带上这个"橡皮擦",妆容随时随地焕然一新

出门后才发现妆太浓、出油、出汗、脱妆,有没有什么简单有效的"急救"措施呢?当然有!就是随身带上一个橡皮擦——用过的湿海绵蛋。

我们平时用湿海绵蛋上底妆后,海绵蛋中会剩下少许粉底,这个海绵蛋就可以当作"橡皮擦"。它可以让过浓的妆容变得自然,无论是高光腮红还是修容太重,都可以一一修正。

晕开了的眼线和眼下晕妆、脱妆,用这个"橡皮擦"按压,也可以急救。

另一个可以随身携带的"急救利器",是一个干净的眼影刷,用它晕染一遍花掉的眼影,妆容就会重新变得干净。

谁都希望,遇到重要场合时,自己能够调整到最佳状态,一定要把这些魔法补妆工具带在身上哦!

| 今日金句 | 活着的生命,应该不断修正自己。 |

98 这两条纹最暴露年龄，一定要遮住

今天我们要说的，就是令人闻之色变的法令纹。脸上一旦有了这两道纹，一是容易显老，二是容易显得不开心、严肃。可是，随着年龄的增长，保养得再好的人，脸上也会有法令纹。但是不要紧，化妆时的这个小心机可以拯救你。

在上完粉底之后，用遮瑕膏在法令纹的位置垂直着点3下，然后轻轻拍开，就能把法令纹遮住。最后还可以在法令纹的位置打一点高光，把凹陷的地方提亮，面部看起来也会更立体。

中医养生专家还建议我们按压鼻翼两侧的迎香穴及嘴角两侧的地仓穴。每天早晚各按压100次，促进面部血液循环，能淡化法令纹。配上椰子油，效果会更好，大家也可以试试。

| 今日金句 | 有一种美依靠的是坚强、爱、创造力，你一旦获得它，岁月就不再无情。 |

99 不完美化妆法，打造高级脸

粉底、眉毛、眼影、眼线、睫毛膏、阴影、腮红、口红……化妆的步骤真是多到让每位女士都烦，可是按照步骤去化，真的就能变好看吗？

有时候我们被大众审美所约束，但其实你的美，应该是有特色的美，而不是千人一面的雷同美。真正的高级感妆容，是认清自己脸上的优势，并突出这个部分，而不是让每个五官都成为重点。今天就给你分享一个不完美却高级的小技巧——6成化妆法。

非常简单，如要强调眼妆的话，口红就用浅色或者透明的，如果擦了非常艳丽的口红，那眼影就用淡色，最好也不要有眼线。

"少即是多"是时尚界的至理名言。脸就像是一块画布，只有用恰到好处的颜色配比，才会画出最美的画。

| 今日金句 | 真正优秀的人，是能清醒认识自己的人。 |

未经许可，不得以任何方式复制或抄袭本书之部分或全部内容。
版权所有，侵权必究

图书在版编目（CIP）数据

魅力女性修炼手册 / 侯辰著. —北京：电子工业出版社，2020.1
ISBN 978-7-121-37660-3

Ⅰ. ①魅… Ⅱ. ①侯… Ⅲ. ①女性－修养－手册 Ⅳ. ①B825-62

中国版本图书馆 CIP 数据核字（2019）第 242311 号

责任编辑：黄 菲　　　文字编辑：杨雅琳　刘 甜
印　　刷：三河市鑫金马印装有限公司
装　　订：三河市鑫金马印装有限公司
出版发行：电子工业出版社
　　　　　北京市海淀区万寿路 173 信箱　　邮编：100036
开　　本：720×1 000　1/16　印张：27.5　字数：308 千字
版　　次：2020 年 1 月第 1 版
印　　次：2020 年 1 月第 3 次印刷
定　　价：75.00 元

凡所购买电子工业出版社图书有缺损问题，请向购买书店调换。若书店售缺，请与本社发行部联系，联系及邮购电话：（010）88254888，88258888。

质量投诉请发邮件至 zlts@phei.com.cn，盗版侵权举报请发邮件至 dbqq@phei.com.cn。

本书咨询联系方式：1024004410（QQ）。